道德的由理

第9版

9TH EDITION

詹姆斯 · 雷切尔斯（James Rachels）———— 著

斯图尔特 · 雷切尔斯（Stuart Rachels）———— 修订

杨宗元———— 译

中国人民大学出版社
· 北京 ·

译者序

　　本书英文名为 "*The Elements of Moral Philosophy*"，是一本深入浅出、通俗易懂的有关伦理学原理的教材。之所以将书名译为"道德的理由"，主要有两点考虑：一是它并不同于传统意义上的教材，故中译本不以典型的教材形式出版，不适合以"道德哲学基础"这样强调学科特征的标题作为书名；二是"道德的理由"概括了原作者探讨的主题，并且突出了本书所秉承的强烈的理性主义传统。

　　作者认为，"道德首要的任务是向理性咨询。道德上正当的事，在任何条件下，都是有最充分的理由去做的事"。基于这一理念，本书结合现实的道德生活展开了对各种伦理学理论的阐释、分析和评论。每一种伦理学理论都会对现实生活中的事例做出自己的理论分析和道德判断。本书通过分析这些判断是否具有充足的理由，既概述了西方伦理学史上重要的伦理学理论形态的主要思想，也分析了支持或反对这些伦理思想的主要论证，同时做出了作者自己的评判，并在全书的最后勾勒了令人满意的道德图景。

本书的重要特色之一是深入浅出。这使我们对深奥的理论具有了更多的亲近感，也让理论对我们的生活具有了更大的指导性。

"道德哲学"或者"伦理学"这样的名词常常给人艰深、抽象的感觉，使我们认为那是哲学家或者伦理学家关注的主题，与日常生活无关。但西方最早的道德哲学家苏格拉底把道德哲学定义为探讨"我们应当如何生活"的问题，而我国的记录先哲孔子及其弟子言行的《论语》也是一部充满着对生活的反思的作品。道德哲学正是对现实生活的思考，它的理论成果也指导着我们的生活，让我们生活得更明智、更幸福。道德哲学对生活的指导最终会落实到每一个具体的行为选择、生活事件之中，本书正是通过对这些事例的独到分析来介绍伦理学理论，使抽象的理论具体化。

本书的所有内容都是在具体的情境中、在引发我们思考的过程中娓娓道来的。这些生活中的故事，甚至一些假想的故事，是对具体生活情境的提炼。我们曾面临相似的情境，曾有过类似的困惑，但我们不曾想到过我们的身边事竟有如此深刻的理论内涵。伦理学是对如何生活的思考，因此伦理学中的问题最终是如何生活的问题，它给出的答案也是生活的参考。

本书的另一个重要特色是聚焦于理由。伦理学理论有着极为丰富的内涵，不同哲学家对伦理学的探讨是从不同侧面展开的。本书对于伦理学的阐释和介绍立足于给我们的行为选择提供指导，因此本书自始至终都在探寻行为的道德理由。

作者把道德看作根据充分的理由而行动的问题。他认为，任何人提出任何一种道德观点，都需要有充分的道德理由，对任何没有充分道德理由的观点都可以加以拒绝。作者的这一基本立场与西方理性主义传统是密不可分的。因为我们是理性的，所以能够把某些事实作为以某种方式行为的理由。而且我们在对应当做什么进行推理的过程中，需要保持逻辑上的一致，同样的理由在同一种情境下对每一个人具有同等的效力。因此作者给出的道德的底线概念有两个基本点，首先是道德判断必须基于充足的理由；其次，道德要求公平地考虑每一个个体的利益。

我们在生活中都可能面对这样或那样的道德选择，而伦理学所要探讨的重要内容之一就是进行选择时所依据的理由。在伦理学史上，不同的时期、不同的伦理学家提出了不同的理论框架，寻求能够对我们的全部行为都具有充分解释力的理论体系。在本书中，作者分别探讨了文化相对主义、伦理主观主义、神命论、伦理利己主义、功利主义、康德理论、社会契约论、女性主义、关怀伦理学、德性伦理学等各种伦理学理论的提出理由。

对于这些理论，作者会首先通过生活中的案例引出其基本的理论观点，然后探讨赞同或反对这一理论的论证。对所有这些论证的评判，作者的标准只有一个，那就是看它是否具有充分的理由。正如作者所说，"如果我们想理解伦理学的性质，我们一定要聚焦于理由"。伦理学的真理是理由所支持的结论，它独立于我们的所思所想，是客观的。作者当然有自己的立场和好恶，提出了多重策略的功利主义的概念，但是在对其他道德理论的评判中，作者主要是通过理性的推理而不是个人的好恶来评判理论的正确与否的。

这也正是本书的引人入胜之处，它不仅介绍了各种伦理学理论的基本内容，而且展现出了进行道德思考的方式，在追问道德理由的过程中逐步确立自己的道德观念。而这一点正是国内类似的伦理学著作的薄弱之处，国内类似的伦理学著作往往长于探讨"应该"，拙于探讨"应该"的理由；或者在纯粹理论的层面上探讨理由，很少结合伦理生活的实际探讨"应该"的理由。两种特色各有所长。事实上，单纯的理性推理只是技术手段，如果没有一定的价值观点作为依据，它会使我们陷入混乱之中。但是，我们的"应该"必定是通过理性的思考得以认同的"应该"，否则它就难以提供对人们日常生活的有效指导。伦理学或者道德哲学就是要告诉人们应该如何生活、应该选择怎样的生活，但是人们需要的不仅仅是"应该"，更想知道"为何应该"。本书正是通过内在的逻辑向我们展现了如何考问"应该"、如何穷究"道德的理由"。这正是我决定译出此书的原因，唯愿本书能对人们的道德实践和伦理学理论的研究有所助益。

当初接手这本书的翻译工作要感谢徐莉副总编的推荐和费小琳老师的信任。从 2008 年接手这本书的第 5 版的翻译到今天已经过去了 16 年，这本书也从第 5 版升级到了第 9 版，不时也会听到本书第 5 版或第 7 版中译本的读者对这本书的好评，作为译者感到非常欣慰。原书作者在第 9 版中又做了进一步修订，特别是更新了很多新的材料，增加了一些新近的例子。第 9 版中的修订内容实际上是以第 8 版为基础的，而中文版从第 7 版越过了第 8 版，直接翻译第

9 版，从第 7 版到第 9 版内容变化会更多。在翻译第 9 版的过程中，我也再一次通读了第 7 版中译本的译文，还是发现有不够通顺甚至错误的地方，所以对第 9 版的翻译更加战战兢兢，深感译事无止境。译者水平有限，在对原文的理解以及中文的表达上仍然可能存在错漏之处，恳请读者不吝赐正。

最后，感谢责任编辑严谨认真的工作，编辑是图书的第一读者，他们的专业负责为图书质量提供了可靠的保证。虽然作为编辑出身的译者，我已经尽力认真地对待每一句译文，全书译完之后认真通读了译文，但译文交稿之后责编所做的改动、画出的疑问仍然令我汗颜。在此，郑重对责编的工作表示钦佩和感激，是他们帮我减少了译文的差错，使其更加符合中文读者的阅读习惯。

杨宗元

2024 年 5 月

前　言

苏格拉底是第一位道德哲学家，也是最优秀的道德哲学家之一。他曾经说过，道德涉及的"不是小事，而是我们应当如何生活的问题"。正是在这种广泛的意义上，本书是一部道德哲学导论。

伦理学领域非常广泛。在接下来的章节中，我不想涉及这个领域的所有话题，甚至不想对所涉及的话题事无巨细地一一阐述，但我试图讨论初学者应该首先了解的重要思想。

每一章都可以单独阅读——事实上，它们是关于各自独立主题的独立文章。因此，对伦理利己主义有兴趣的读者可以直接阅读第5章，找到对这一理论完备而自足的介绍。然而，当你依序阅读时，这些章节或多或少又能够讲述一个连续的故事。第1章呈现的是道德的"底线概念"，中间的章节覆盖最重要的伦理学理论，最后一章，我阐述了自己对什么是令人满意的道德理论的观点。

然而，这本书的目的不是提供对伦理学"真理"的整齐划一的描述，那是介绍这个主题的拙劣方式。哲学与物理学不同。在物理学中，已经确立了一个初学者必须耐心掌握的巨大的真理体系。当然，物理学中也存在悬而未决的矛盾，但是这些问题一般建立在广泛一致的基础上。相反，在哲学中，每一件或者几乎每一件事情都存在争议。一些基础性的问题也是仁者见仁，智者见智。哲学的初学者可能会问自己，像功利主义这样的道德理论是否是正确的。然而，人们很少会鼓励物理学的初学者对热力学定律提出自己的想法。一部好的伦理学导论不会试图掩盖这些多少有些令人尴尬的事实。

你会在本书中发现相互竞争的思想、理论和观点的概述，我自己的观点无疑使这种介绍更为丰富。我认为有些观点比其他观点更有吸引力，而且对这些观点有不同评价的哲学家无疑会撰写出与本书不同的著作来，因此，我力图公平地呈现相互竞争的理论，而且当我对某种观点表达某种判断时，我会尽力解释原因。哲学像道德本身一样，归根到底是对理性的训练，我们应当坚信那些有充分支持的思想、观点和理论。

关于第 9 版

在本版中，性得到了更多的篇幅。关于同性关系的章节讨论同性婚姻、收养权、就业权，青少年自杀和仇恨犯罪。

本书各处都进行了更新，以反映最近发生的事件。例如，对偏见的概念引用唐纳德·特朗普的引文来说明（第 5 章），把麦克·彭斯作为反对同性恋权利的代表（第 3 章）。一些更新反映了日益网络化的世界。例如，对于发现可靠信息来源的重要性现在根据网络搜索单独加以讨论（第 1 章）。

一些新的想法也加入了已经存在的讨论中。我们现在认为，不同的社会可以基于人们共有的人性分享同样的价值观（第 2 章）。我们做出限定，在道德可能要求人不自然地仁慈的背景下，道德"对于人而言是自然的"（第 13 章）。

对功利原则的解释现在包括了"使幸福最大化"（第 7 章）这个短语，绝对规范可能会产生冲突的两难困境现在位于讲述新奥尔良卡特里娜飓风的案例之后，医生们所面临的局势代替了之前荷兰渔民在二战期间不得不说谎的例子（第 9 章）。

删除了库将·贝尔关于伦理利己主义在逻辑上不一致的论点和动物实验的例子。我也放弃了第 4 章中关于《出埃及记》第 21 章支持堕胎的自由主义观点的说法，因为我不再确定如何解释这段话。

最后，关于宇宙的年代已经修订，以反映天文学的最新发现（第 13 章）。

感谢 Caleb Andrews、Seth Bordner、Janice Daurio、Micah Davis、Daniel Hollingshead、Kaave Lajevardi、Cayce Moore、Howard Pospesel、John Rowell、Mike Vincke 和 Chase Wrenn 的帮助。特别感谢我的妻子 Heather Elliott 教授和我的母亲 Carol Rachels，感谢她们在关键时刻给予的巨大帮助。

我的父亲詹姆斯·雷切尔斯撰写了本书的前四版，这是他的著作。

斯图尔特·雷切尔斯

目　录

第 1 章　什么是道德的 ………………………………………… 1

定义问题 …………………………………………………… 1

第一个例子：宝宝特雷莎 ………………………………… 2

第二个例子：乔迪与玛丽 ………………………………… 7

第三个例子：特蕾西·拉蒂默 …………………………… 10

理性和偏见 ………………………………………………… 13

道德的底线概念 …………………………………………… 17

第 2 章　文化相对主义的挑战 ………………………………… 19

不同的文化有不同的道德规范 ………………………… 19

文化相对主义 ……………………………………………… 21

文化差异论证 ……………………………………………… 23

文化相对主义的后果 …………………………………… 25

为什么分歧比看起来的少 ……………………………… 28

所有文化共有的价值观 ⋯⋯⋯⋯⋯⋯⋯⋯⋯⋯ 30

评判一种不良的文化实践 ⋯⋯⋯⋯⋯⋯⋯⋯ 32

回顾五种主张 ⋯⋯⋯⋯⋯⋯⋯⋯⋯⋯⋯⋯⋯⋯ 35

我们能从文化相对主义中学到什么 ⋯⋯⋯⋯ 38

第 3 章　伦理学中的主观主义 ⋯⋯⋯⋯⋯⋯⋯⋯ 43

伦理主观主义的基本思想 ⋯⋯⋯⋯⋯⋯⋯⋯ 43

语言学转向 ⋯⋯⋯⋯⋯⋯⋯⋯⋯⋯⋯⋯⋯⋯ 45

对价值的否定 ⋯⋯⋯⋯⋯⋯⋯⋯⋯⋯⋯⋯⋯ 51

伦理学与科学 ⋯⋯⋯⋯⋯⋯⋯⋯⋯⋯⋯⋯⋯ 53

同性关系 ⋯⋯⋯⋯⋯⋯⋯⋯⋯⋯⋯⋯⋯⋯⋯ 57

第 4 章　道德是否依赖于宗教 ⋯⋯⋯⋯⋯⋯⋯⋯ 66

宗教与道德之间假设的联系 ⋯⋯⋯⋯⋯⋯⋯ 66

神命论 ⋯⋯⋯⋯⋯⋯⋯⋯⋯⋯⋯⋯⋯⋯⋯⋯ 69

自然法理论 ⋯⋯⋯⋯⋯⋯⋯⋯⋯⋯⋯⋯⋯⋯ 74

宗教与特殊道德问题 ⋯⋯⋯⋯⋯⋯⋯⋯⋯⋯ 78

第 5 章　伦理利己主义 ⋯⋯⋯⋯⋯⋯⋯⋯⋯⋯⋯ 86

是否有责任帮助饥饿的人 ⋯⋯⋯⋯⋯⋯⋯⋯ 86

心理利己主义 ⋯⋯⋯⋯⋯⋯⋯⋯⋯⋯⋯⋯⋯ 88

伦理利己主义的三个论证 ⋯⋯⋯⋯⋯⋯⋯⋯ 95

反对伦理利己主义的两个论证 ⋯⋯⋯⋯⋯⋯ 102

第 6 章　社会契约理论 ⋯⋯⋯⋯⋯⋯⋯⋯⋯⋯⋯ 109

霍布斯的论证 ⋯⋯⋯⋯⋯⋯⋯⋯⋯⋯⋯⋯⋯ 109

囚徒困境 ⋯⋯⋯⋯⋯⋯⋯⋯⋯⋯⋯⋯⋯⋯⋯ 113

社会契约理论的优点 ················· 118

公民不服从的问题 ················· 121

理论的困难 ················· 124

第 7 章　功利主义进路 ················· 130

伦理学革命 ················· 130

第一个例子：安乐死 ················· 132

第二个例子：关于动物 ················· 135

第 8 章　关于功利主义的争论 ················· 140

理论的古典版本 ················· 140

快乐是全部重要的事情吗 ················· 141

结果是唯一重要的事情吗 ················· 143

我们应该同等地关心每一个人吗 ················· 147

为功利主义辩护 ················· 149

结论 ················· 156

第 9 章　有没有绝对的道德规范 ················· 159

哈里·杜鲁门与伊丽莎白·安斯康姆 ················· 159

绝对命令 ················· 162

康德关于撒谎的论证 ················· 165

规范之间的冲突 ················· 169

康德的洞见 ················· 170

第 10 章　康德与对人的尊重 ················· 174

康德的核心思想 ················· 174

惩罚理论中的报复与功利 ················· 178

康德的报应主义 …………………………………………………… 181

第 11 章　女性主义与关怀伦理学 …………………………… 188

男性和女性对伦理的看法不同吗 ………………………… 188

道德判断的含义 …………………………………………… 196

伦理学理论的含义 ………………………………………… 200

第 12 章　德性伦理学 ……………………………………… 204

德性伦理学和正当行为伦理学 …………………………… 204

美德 ………………………………………………………… 206

德性伦理学的优势 ………………………………………… 217

德性与行为 ………………………………………………… 219

不全面的问题 ……………………………………………… 221

结论 ………………………………………………………… 223

第 13 章　令人满意的道德理论是什么样的 ……………… 225

没有骄傲资本的道德 ……………………………………… 225

按其应得待人 ……………………………………………… 228

多种动机 …………………………………………………… 230

多重策略的功利主义 ……………………………………… 231

道德共同体 ………………………………………………… 235

正义和公平 ………………………………………………… 236

结论 ………………………………………………………… 238

第 1 章　什么是道德的

我们讨论的不是小事，而是我们应当如何生活的问题。

——苏格拉底，引自柏拉图：《理想国》（约公元前 370 年）

定义问题

　　道德哲学研究的是道德是什么以及它对我们的要求是什么。正如苏格拉底所说，它事关"我们应当如何生活"以及为什么应当这样生活。如果我们能从一个简单且无争议的道德概念开始，无疑是有益的，但不幸的是，这是不可能的。有很多相互竞争的理论，每一种理论对"道德地生活"的含义都详细阐述了不同的观点，而且任何超越苏格拉底的简洁陈述的定义都至少与其中一种理论相悖。

这使我们很谨慎，但不会让我们裹足不前。在这一章中，我们将描述道德的"底线概念"。顾名思义，这个"底线概念"是每一种道德理论都能接受的核心概念，至少可以作为一个起点。我们首先从考察一些与残疾儿童有关的道德争论开始，我们的讨论会使"底线概念"的特征呈现出来。

第一个例子：宝宝特雷莎

特雷莎·安·坎波·皮尔逊，被公众称为"宝宝特雷莎"的婴儿，1992 年生于佛罗里达州。她患有无脑症，一种最严重的先天畸形。无脑婴儿有时是指"没有脑的婴儿"，但这种说法是非常不精确的。无脑婴儿没有脑的最重要的部分——大脑和小脑，也没有头盖骨的顶部，但有脑干，所以宝宝能够呼吸，有心跳。在美国，大多数胎儿无脑的情况在母亲怀孕期间就能够被检测出来，并且母亲会堕胎。没有堕胎的话，一半的孩子生下来便是死婴，那些存活下来的，一般出生几天便死亡了。

宝宝特雷莎的故事如此有名，是因为她的父母提出了非同寻常的要求。在得知他们的宝宝很快就会死去，而且永远不会有意识以后，特雷莎的父母自愿捐出她的器官，并且愿意让她立即进行器官移植。他们认为，她的肾、肝脏、心脏、肺和眼睛应当捐给其他孩子，让那些孩子从中受益。特蕾莎的医生也同意了。每年有数千名婴儿在等待器官移植，可供移植的器官却从来都不够。但是佛罗里达州的法律禁止在捐助者死亡之前取走其器官，所以特雷莎的器官不能被取走。而九天之后，等到宝宝特雷莎死亡的时候，就已经太晚了——她的器官已经衰竭而不能移植了。

宝宝特雷莎的案例引起了广泛的讨论。为了将她的器官用于救助其他孩子，她是否应该被"杀死"？很多专业"伦理学家"受媒体之邀评论此事。这些人受聘于大学、医院、法学院，他们的工作就是思考这类问题。

他们中的大多数不赞同特蕾莎父母的想法。他们诉诸经久不衰的哲学原则，反对取走婴儿的器官。"把一些人当作手段来达到另一些人的目的，这太可怕了。"一位专家这样说。另一位专家解释道："为了保存生命而杀害生命，这是不道德的。为了救 B 而杀 A，这是不道德的。"第三位专家补充说："特雷莎父母的要求其实是这样的：杀死这个将死的婴儿，以便能让她的器官用在其他人身上。这是一个骇人听闻的提议。"

真的骇人听闻吗？人们对此存在不同意见。虽然伦理学家这样认为，但特雷莎的父母和医生并不这样看。而我们感兴趣的不只是人们怎样想，我们想知道其中的真理。父母自愿捐出婴儿的器官以供移植，这样的事情是正当的还是不正当的？为了回答这个问题，我们就不得不质询各方的理由或者论据。赞同或反对父母的要求，理由是什么呢？

利益论证。父母认为，特雷莎的器官对她来说没有用处，因为她没有意识，而且无论如何，她很快就会死亡。而对其他孩子来说，这些器官可能使他们受益。因此，父母的推理是这样的：

> 如果我们能够使某些人受益而不会伤害任何其他人，我们就应当这样做。移植这些器官能够使其他孩子受益而不会伤害特雷莎，因此我们应当进行器官移植。

这个推理正确吗？不是每一个论证都是有效的，我们除想知道针对一个观点提供了哪些论证以外，还想知道这些论证是否充分。一般说来，如果一个论证的假设是真的，而结论是从其假设中合逻辑地推导出来的，那么它就是有效的。在这个案例中，这个论证有两个假设：（1）如果我们帮助某人没有任何伤害，我们就应该帮助他；（2）器官移植会帮到其他孩子而没有伤害特雷莎。然而，我们可能对"特雷莎是否真的没有受到伤害"有所怀疑，毕竟，她会死，死对她来说不就是坏事吗？然而，仔细想想，在这种悲惨的情况下，她的父母似乎是对的。只有能够实施行为，有思想感情，处在与他人的关系之中，活着才是有益的。换句话说，只有活着的人有自己的生活，活着才是有益的。如果缺少这些要素，仅仅是一个生物学存在，活着就没有价值。因此即便特雷莎可以多活几天，也于她无益。

因此，利益论证为移植器官提供了强有力的理由。那么，另一方的论证是什么呢？

不应把人当作手段的论证。 反对移植器官的伦理学家提供了两个论证。第一个论证基于这样的思想：把人当作达到另一些人实现自己目的的手段是错误的。取走特雷莎的器官是用她来满足其他她不认识、也不关心的孩子的利益，因此不应当这样做。

这是一个有效论证吗？我们不应该"利用他人"的观点显然是有吸引力的，但这是一个需要廓清的模糊观念。它的准确含义是什么？"利用他人"通常涉及侵犯他人的自主，所谓自主是指根据自己的需要和价值观，为自己决定如何过自己的生活的能力。一个人的自主可能通过操纵、诡计或欺骗而被侵犯。比如，我可能会假装成为你的朋友，而实际上我只是对与你妹妹交往有兴趣；或者我可能会为了让你给我钱而撒谎；或者我想方设法让你确信去看电影你会很享受，而我的目的只是想搭便车。在这些情况下，我都出于自己的目的操纵了你。当人们违背自己的意愿被迫去做一些事的时候，人的自主就受到了侵犯。这就是为什么"利用他人"是错的，因为它妨碍了人的自主。

然而，取走特雷莎的器官不可能妨碍她的自主，因为她没有自主——她不能做决定，她也没有欲望，而且她不能评价任何事情。取走她的器官是在任何其他道德意义上"利用"她吗？当然，我们是为了他人的利益而利用她的器官。我们每次这样做的时候都是进行器官移植。而且我们利用她的器官确实没有得到她的允许。是因为没有得到她的允许而导致这样做是错的吗？如果这样做违背了她的意愿，那么这可以作为反对的理由，因为这侵犯了她的自主，但是宝宝特雷莎没有意愿。

当人们没有能力为他们自己做出选择，必须有其他人介入时，有两个合理的指导原则可以采纳。第一，我们可以问：什么是他们自己的最大利益之所在？如果我们把这个标准用于特雷莎案例，取走特雷莎的器官就没有问题，因为如前所述，她的利益不会受到影响。她没有意识，无论怎样她都会很快死亡。

第二个指导原则是诉诸这个人自己的偏好。我们可以问：如果她能告诉我们她自己想要什么，那么她会说什么？当我们所处理的问题涉及的是那些有偏好（或者曾经有）而无法表达的人，例如一个昏迷的病人，在他昏迷之前签署了一份生前遗嘱，这种思考经常是有用的。但是很遗憾，宝宝特雷莎没有对任何事情的任何偏好，也永远不会有。所以，我们不可能从她那里得到任何指导，甚至在我们的想象中。其结果是，我们只能做我们认为的最好的事情。

杀人错误的论证。伦理学家也诉诸这一原则：为了挽救一个人的生命而杀害另一个人是错误的。他们说，取走特雷莎的器官将会杀死她，这样做的目的是挽救其他人的生命，所以取走她的器官是错误的。

这个论证有效吗？反对杀人当然是最重要的道德观念之一。然而，很少有人认为杀人总是错误的。大多数人认为，这个规范是有例外的，比如为了自卫而杀人。问题是，取走特雷莎的器官是否应该被视为这一规范的另一种例外？我们有很多理由可以这样认为：宝宝特雷莎是无意识的，她没有也不会有自己的生活，她注定很快死亡，而取走她的器官会帮助到其他孩子。任何接受这些想法的人都会认为杀人错误论证是有瑕疵的。为了挽救一个人的生命而杀害另一个人通常是错误的，但并不总是如此。

还有一种可能性。也许我们可以把特雷莎看作已经死亡。如果这听起来有些疯狂，那么请不要忘了，近年来我们对死亡的观念已经了发生变化。1967 年，南非医生克里斯蒂安·巴纳德实施了第一例人体心脏移植手术。这是令人激动的进步，心脏移植可以挽救很多人的生命。然而在美国，能否以此来挽救生命曾经并不是很明确。以往美国法律把死亡理解为心脏停止跳动。但一旦心脏停止跳动，它就会很快衰竭，不适宜移植。这样，在美国法律之下，能否有心脏可以移植就不是很明确。现在，美国法律已经有所改变。我们现在不再把死亡理解为心脏停止跳动，而是把死亡理解为大脑的功能停止："脑死亡"成为理解死亡的新标准。这就解决了器官移植的问题，因为脑死亡的病人仍然可能有一颗适宜移植的健康的心脏。

按照目前对脑死亡的界定，无脑症不符合关于脑死亡的技术要求，但是也许脑死亡的定义应当被修改，以使无脑症包含其中。毕竟，无脑症病人失去了恢复生命意识的任何希望，因为他们没有大脑和小脑。如果脑死亡被重新定义，将无脑症包括其中，我们就会习惯于接受这一想法，即那些不幸的孩子一出生便已经死亡，取走他们的器官并不意味着杀死他们。那么，根据"杀人是错误的"所做出的论证就没有实际意义了。

总之，支持移植特雷莎器官的利益论证比反对器官移植的论证更加有力。

第二个例子：乔迪与玛丽

2000 年 8 月，一个来自戈佐——一座位于意大利南面的岛屿——

的妇女发现，她怀了一对连体双胞胎。由于知道戈佐的医疗条件不足以处理如此复杂的生产，因此她和她的丈夫去了英国曼彻斯特的圣玛丽医院，她决定在那里分娩。这对婴儿分别叫乔迪和玛丽，她们的下腹部连在一起，脊柱融合在一起，共用一个心脏、一对肺叶。乔迪，她们之中稍微强壮一点的那个，为她们两个人供血。

没有人确切知道每年有多少对连体婴儿出生，但据估计有数百对。大多数连体婴儿出生后不久便死亡，但也有一些连体婴儿生活得很好。他们长大成人，各自成婚生子。但玛丽与乔迪的状况比较糟糕。医生说，如果没有人为干预，这对小姐妹会在六个月内死亡。唯一的希望是做手术将她们分离。这会让乔迪存活，而玛丽会立即死亡。

孩子的父母是虔诚的天主教徒，他们不允许在加速玛丽死亡的情况下做手术。"我们相信自然有它自己的进程，"孩子的父母说，"如果我们的两个孩子都不能存活是上帝的意志，那就让她们去吧。"医院希望至少挽救乔迪的生命，因而上诉至法院，要求无论如何允许实施手术。法院裁定允许实施手术。正如所预料的，乔迪活了下来，而玛丽死了。

在思考这个案例时，我们必须将应当由谁来做决定和应当做什么样的决定这两个问题区分开来。例如，你可以认为，决定权应当留给父母，从而反对法庭的干预。但是，仍然存在一个问题：什么是父母（或其他人）最明智的选择？我们应当聚焦于这个问题：分离这对连体婴儿是对还是错？

基于"我们应当尽可能多地挽救生命"所做的论证。 分离这对连体婴儿的道理是：我们需要在救活一个婴儿还是让两个婴儿都死掉之间进行选择。是不是救活一个婴儿明显更好呢？这个论证是如此有吸引力，以至于很多人都会不假思索地得出结论：这对连体婴儿应当被分离。在争论最激烈的时候，《女士之家杂志》为了了解美国人的想法进行了一次民意调查。调查显示，78％的人赞同手术。人们显然是被"我们应当尽可能多地挽救生命"这一思想所引导。然而，乔迪与玛丽的父母却被另一种不同的论证所说服。

根据人类生命的神圣性所做的论证。两个孩子父母都爱，他们认为牺牲她们中的任何一个都是错误的，即便是为了挽救另一个孩子的生命。当然，有这种想法的远不止这对父母。无论年龄、种族、社会地位，无论是否残疾，所有的人类生命都是珍贵的，这种思想是西方道德传统的核心。在传统伦理学中，"禁止杀害无辜者"被认为是绝对律令。杀人是否服务于好的目的并不重要，而是绝对不能杀人。玛丽是无辜的生命，所以她不可以被杀。

这是有效论证吗？在法庭上审判此案的法官们不这样认为，其原因令人吃惊。他们否认手术会杀死玛丽。大法官罗伯特·沃克说，手术只是将玛丽与她的姐妹分离开了，然后"她将会死掉，这不是因为任何有意的谋杀，而是因为她自己的身体不能支撑她的生命"。换句话说，她死亡的原因并不是手术，而是她自己的虚弱。因此，关于杀人的道德与之并不相关。

然而，这种回应似乎并没有切中要点。玛丽是死于手术还是死于她自己的虚弱，这无关紧要，反正她会死，而且我们故意加速了她的死亡。这才是禁止杀害无辜者传统背后的理念。

基于人类生命的神圣性所做的论证有一个更自然的反对意见。也许杀害无辜的生命并不总是错的。例如，在满足以下三个条件时，它可能是对的：（1）这个无辜的人类生命没有将来，因为他无论如何都注定会很快死亡；（2）如果这个无辜者没有活下去的意愿，也许是因为她根本没有任何意愿；（3）如果杀死这个无辜者将会挽救其他一些人的生命，这些人能够继续健全地生活——在这些极少数的情况下，杀死一个无辜者可能被认为是有正当理由的。

第三个例子：特蕾西·拉蒂默

特蕾西·拉蒂默，一名 12 岁的脑瘫患者，于 1993 年被她的父亲杀死了。特蕾西一家住在加拿大萨斯喀彻温省的一个草原牧场。一个星期六的早晨，在妻子和其他孩子都去了教堂之后，罗伯特·拉蒂默把特蕾西放到他的货运卡车的驾驶室里，用管子导入汽车排放的废气，直到她窒息而亡。在特蕾西死的时候，她的体重不足 40 磅①，据人们描述，她的智力水平和三个月大的婴儿相当。拉蒂默太太说：当她回到家以后，发现特蕾西死了，她感到很轻松。她还补充说，她自己"没有勇气"那样做。

拉蒂默先生以谋杀罪被审判，但法官和陪审团不想判他重刑。陪审团认为他仅仅犯了二级谋杀罪，并且建议法官忽略此类犯罪的强制性十年刑期。法官同意了陪审团的意见，判处拉蒂默先生一年

---

① 1 磅约合 0.45 千克。——译者注

监禁，随后一年他不得离开自家的农场。然而加拿大最高法院介入，裁定强制性的刑期必须执行。罗伯特·拉蒂默 2001 年入狱，2008 年被假释。

先把法律问题放在一边。拉蒂默先生这么做错了吗？这个案例涉及很多我们在其他案例中遇到过的问题。一个论证是：特蕾西的生命在道德上是宝贵的，他没有权利杀害她。在为他辩护时，人们可能会说，特蕾西的境况是如此糟糕，她没有任何"生活"的前景，只是在生物学意义上活着。她的存在就是无谓地受罪，因此杀死她是一个仁慈的行为。考虑到这些论证，拉蒂默先生的行为似乎能够得到辩护，然而，批评他的人也提出了一些其他观点。

根据"歧视残障者是错误的"所做的论证。当罗伯特·拉蒂默被法院给予宽大的判决之后，很多残障者觉得受到了侮辱。萨斯卡通残疾人之声的主席患有复合硬化症，他说："没有人有权决定我的生命价值低于你的，这是底线。"他说，特蕾西被杀是因为她是残障者，这是不道德的，应当给残障者和其他人以同等的尊重和权利。

我们能从中了解什么呢？当然，歧视一直是一件非常严重的事情，因为它意味着虽然没有任何正当理由，但对待某些人比对待另一些人更糟糕。例如，假设一个盲人找工作被拒绝，仅仅是因为老板不喜欢和盲人在一起工作，这并不比拒绝雇用西班牙人、犹太人或者女性好多少。为什么这个人要被区别对待？是他没有能力做好这份工作吗？是他不够聪明或不够勤奋吗？他不应该得到这份工作吗？他没有能力从这份工作中获益吗？如果没有充分的理由将他排除在外，那么这样对待他就是错误的。

特蕾西的死是歧视残障者的例证吗？罗伯特·拉蒂默辩解说，特蕾西的脑瘫并不是问题。他说："人们说这是一个残障者问题，但他们错了。这是一个要不要承受折磨的问题，是关于对特蕾西的残害和折磨的问题。"在特蕾西死之前，她已经忍受了背部、髋部、腿部的大手术，并且还有更多的手术正在计划中。"用管子进食，背部由支架支撑，腿部截肢，摔来摔去，还有褥疮，所有这些加诸她一个人身上，"她父亲说，"人们怎么能说她是一个幸福的小女孩？"在审判中，特蕾西的三位医生证实了控制特蕾西的痛苦的难度。拉蒂默先生认为，她被杀不是因为脑瘫，而是因为她的痛苦，而且对她来说没有任何解除痛苦的希望。

滑坡论证。当加拿大最高法院坚持对罗伯特·拉蒂默的长期的强制性判决时，加拿大独立生活中心协会主任特蕾西·沃尔特斯非常惊喜，她说："向他人敞开大门，让他们来决定谁应当生、谁应当死，这真的是一个滑坡。"

其他残障者支持者也同意这种观点。他们说，我们可能会同情罗伯特·拉蒂默，甚至可能理智地认为，对特蕾西来说可能死了更好一些。然而，沉溺于这种思路是很危险的。如果我们接受了某种"仁慈杀人"的观点，就将走向一个"滑坡"，最终，在坡底，所有的生命都将变得卑贱。我们应当在哪里画一道线？如果特蕾西的生命不值得保护，那么其他残障者的生命呢？那些年长的、虚弱的，以及其他对社会"无用"的成员呢？在这种情况下，希特勒的"纯化种族"计划就会被提及，言下之意是，如果我们迈出第一步，最终就会像纳粹那样。

　　类似的滑坡论证已经被用于其他问题。堕胎、体外受精（试管婴儿）和人类克隆都因为它们可能导致的后果而遭受谴责。很显然，在事后看来，人们担心的一些情况并未出现。体外受精就是如此，这是一种在实验室里制造胚胎的技术。当第一个试管婴儿路易丝·布朗于 1978 年诞生时，关于这对于我们的种族意味着什么，有一个可怕的预言。但是，后来什么坏事都没发生，而且体外受精已经有了常规的程序。

　　然而，如果没有事后能够看到的益处，很难评价滑坡论证。正如前人所云："预言难下，关于未来的预言更是如此。"在特蕾西·拉蒂默这类案例中，如果仁慈杀人被允许，明理的人们可能不会认为这会有什么事。虽然那些谴责罗伯特·拉蒂默的人会认为灾难迫近，而支持他的人则没有这样的担忧。

　　值得注意的是，这种滑坡论证很容易被滥用。如果你反对某事，却想不出反对它的充分理由，那么你总是可以幻想一些可怕的事，说你反对的那件事会导致这些可怕的事发生。而无论你的预言多么不切实际，都没有人能够证明你错了。这就是我们应当谨慎对待这样的论证的原因。

理性和偏见

　　关于道德的本质，我们可以从以上这些案例中学到什么？对于初学者，我们可以注意两点：首先，道德判断必须基于充足的理由；其次，道德要求公平地考虑每一个个体的利益。

道德推理。宝宝特雷莎、乔迪与玛丽，以及特蕾西·拉蒂默的案例容易唤起人们强烈的情感。这种情感经常是一种道德严肃性的标志，是可尊重的。但是，它们也会阻碍发现真理之路：当我们对某个问题有强烈的情感时，这一情感就会诱导我们假定，我们直接知道真理是什么，甚至不必考虑论证。然而不幸的是，我们不能依赖自己的情感。我们的情感可能是非理性的，只是偏见、自私以及文化的产物。例如，有一段时间，很多人的情感告诉他们，其他种族的成员是低等的，奴隶制是上帝的伟大计划的一部分。而且不同人的感情可能是非常不同的。在特蕾西·拉蒂默的例子中，一些人非常强烈地认为，她的父亲应当被判长期监禁，而另一些人则强烈地支持她的父亲。但是，两方的情感不可能都是正确的。如果我们假定我们的观点一定是正确的，仅仅因为我们坚持它，那么我们就是非常自大的。

因此如果我们想发现真理，就一定要让自己的情感尽可能多地被理性所指导。这是道德的基本性质。在道德上应该做的正当的事情总是被论证充分支持的。

这不是狭义道德范围内的狭隘观点，它是一般的逻辑要求。其基本要点是：如果有人说你应当做某事，你可以合理地问为什么。如果他没有给你一个很充足的理由，你就可以以这个建议是武断的或没有根据的为由而加以拒绝。

因此，道德判断不同于个人趣味的表达。如果一个人说"我喜欢咖啡的味道",他不需要理由——他只是陈述了他自己的偏好。不存在为喜欢咖啡进行理性辩护这样的事情。而如果某人说某事在道德上是错误的,他就需要理由,并且如果他的理由是合理的,那么其他人应该同意他的观点。根据同样的逻辑,如果他所说的没有很充足的理由,那么他只是在那里制造噪音,我们完全可以忽略他。

但是,我们如何分辨出某个理由是否是充分的理由?我们如何评价道德论证?以上所讨论的几个例子说明了一些相关的要点。

首先要直接掌握事实。这并不容易。有时你可能希望某件事是真的,所以你对它的"调查"是不可靠的。如果你在网上冲浪,寻求确证你已经相信的东西,那么你总是会成功的。但事实并不依赖于我们的愿望。我们需要以这个世界本来的样子而不是以我们想要的样子来看待它。因此,在查找信息时,你应该试图去发现可靠的、有信息量的信息源,而不是在谷歌中输入你相信的东西,然后寻找说着同样事情的网站。

即使我们的调查是没有偏见的,我们可能还是不能确定一些事情。有时,关键的事实就是未知的,有时事情可能就是很复杂,甚至相关专家也不能达成一致。然而,我们不得不尽我们所能。

其次,我们要让道德原则发挥作用。在本章中,在我们已经思考了很多道德原则:我们不应该"利用"他人,我们不应该为了挽救一个人的生命而杀害另一个人,我们应该做使人们受益的事,每个人的生命都是神圣的,歧视残障者是错的。大多数道德论证都是将道德原则应用于特定案例构成的,所以我们必须追问这样的问题:这些道德原则是否合理,以及它们是否被正确地运用。

如果有一个简单的方法，能够建构充分道德论证而避免不充分道德论证就好了。遗憾的是，没有这样的简单方法。论证可能以很多方式导向错误，我们总是要处理新的种类的错误。但这并不奇怪，对常规方法的机械套用不能代替批判性的思考。

公平的要求。几乎每一种重要的道德理论都包含对公平的承诺。公平就是一视同仁地对待每个人，没有人被特殊对待。相反，偏私就表现出了偏袒。公平还要求我们不能把特定群体的成员视为低人一等，因此，它谴责各种形式的歧视，如性别歧视、种族歧视等。

公平的要求与道德判断必须基于充足理由的观点是紧密联系在一起的。考虑一下一个种族主义者的观点，他认为白人应该从事所有种类的好工作，比如医生、律师、企业的执行官等，这些职业都应该归白人做。现在我们可以要求他给出理由，我们可以问他为什么。白人有什么东西使他们比别人更适合高薪和显赫的位置？是他们天生更聪明更勤奋？更关心自己和家庭？还是他们能从这些职业中获益更多？在每一种情形下，答案都是否定的，而如果没有充足的理由对人们区别对待，这么做就是不能接受的武断，就是歧视。

公平的要求实际上只是反对任意对待他人的规范。它禁止没有充分理由地对一些人比对另一些人不好。这既解释了种族主义为什么是错的，也解释了为什么在有些情况下，不平等对待并不是种族主义。假设一个电影导演在拍摄一部关于弗雷德·沙特尔斯沃思（1922—2011）——英雄的美国黑人民权领导者——的影片，这位导

演有极其充分的理由不让克里斯·帕拉特出演主角，因为帕拉特是
白人。这样的决定不是任意的，或令人反感的，它也不是"歧视"。

道德的底线概念

我们现在可以描述道德的底线概念：道德至少是用理性指导人
们行为的努力——做有最充足的理由去做的事，同时对行为影响所
及的每一个个体的利益都给予同等的重视。

这为我们描绘了一个有责任感的道德行为人的形象。有责任感
的道德行为人是这样的人：他公平地关心每一个他的行为所影响的
人的利益；他详察事实并考察其含义；他只在深入思考并确认其合
理性之后，才接受行为准则；他愿意"聆听理性的声音"，即使这
意味着需要修正先前确信的东西；最后，他愿意按照这样深思熟虑
的结果行动。

正如人们可能预料的，不是每一种道德理论都能接受这个"底
线"。这个负责任的道德行为人的形象已经被人们以不同的方式讨
论过。然而，那些拒绝这个底线概念的理论面临着很多严重的困
难。这就是为什么很多道德理论都以这种或那种形式拥抱道德底线
概念的原因。

资料来源

关于宝宝特雷莎的伦理学家的评论引自美联社的报道，见 David Briggs,
"Baby Theresa Case Raises Ethics Question", *Champaign-Urbara News-Ga-*

zette，March 31，1992，p. A-6。

关于分离连体双胞胎的民意调查数据引自 *Ladies Home Journal*，March 2001。法官对乔迪与玛丽事件的评论引自 *Daily Telegraph*，September 23，2003。

关于特蕾西·拉蒂默的信息引自 *The New York Times*，December 1，1997，Nation Edition，p. A-3。

第 2 章　文化相对主义的挑战

道德在每个社会都是不同的，而且它是社会所认可的习惯的适宜术语。

——鲁思·贝尼迪克特：《文化模式》（1934）

不同的文化有不同的道德规范

古代波斯（今伊朗）国王大流士在旅途中见识了各种不同的文化，这激发了他的兴趣。例如，在印度，他遇到了一群被称为卡拉提亚人的人，他们烹饪并食用死去的父亲的尸体。当然，希腊人不这样做——希腊人举行火葬，他们认为，火葬是安置死者的适宜方式。大流士认为，一种开明的世界观应该赞赏这些差异。一天，为了传授这个道理，他召集了一些王宫里的希腊人，问他们怎么才能让他们吃自己父亲的尸体。正如大流士所预料的，他们非常震惊，并且回答说，给再多的钱，都不可能让他们做这样的事情。然后，大流士又把卡拉提亚人请来，希腊人在旁边听着，他问卡拉提亚人是否愿意焚烧死去的父亲的尸体。卡拉提亚人吓坏了，告诉大流士说，不要再提这样的事情。

这个故事在希罗多德的《历史》一书中有过记载，用来说明在社会科学著作中反复出现的主题：不同的文化有不同的道德规范。一个群体的成员视为正确的事情，可能会吓坏另一个群体的成员，反之亦然。我们是应该吃掉死者的尸体，还是应该烧掉它呢？如果你是希腊人，后一个答案显然是正确的；但如果你是卡拉提亚人，前一个答案同样是确定的。

很容易再举出同类的例子，让我们来思考一下 20 世纪早期和中期的爱斯基摩人。爱斯基摩人是居住在阿拉斯加、加拿大北部、格陵兰和俄罗斯的亚洲部分西伯利亚东北部的土著人。今天，这些群体不再称自己是"爱斯基摩人"①，这个术语在历史上指这些散居的北极人口。20 世纪之前，外界对爱斯基摩人知之甚少，是探险者带回了一些奇怪的故事。

爱斯基摩人生活在彼此相隔很远的小定居点，他们的习俗和我们有很大的不同。男人经常可以有一个以上的妻子，而且他们愿意和客人共同分享他们的妻子，将把她们借出去过夜作为好客的标

---

① "爱斯基摩人"一词有贬义，意思是"吃生肉的人"，现渐改称为"因纽特人"。——译者注

志。在部落之内，一个居支配地位的男性可以要求——并且得到——与其他男性的妻子定期的性接触。而妇女可以自由地打破这些安排，离开她的丈夫，与新的伴侣交往——自由地，也就是说，只要她们的前夫不找太多麻烦。总之，爱斯基摩人的婚姻习俗是一种不稳定的婚姻实践，与我们的习俗不太相同。

但存在差异的并不只是他们的婚姻和性生活。爱斯基摩人还似乎很少有对人类生命的尊重。例如，杀婴是很普遍的。早期探险者克努德·拉斯马森的报告说，他遇到了一个女人，她已经生了 20 个孩子，但她杀死了其中的 10 个，在这些孩子刚出生时她就把他们杀死了。他发现，女婴比男婴更经常被杀掉，只是简单地出于父母的决定就被杀掉了，而且这是被允许的，其父母不会有任何社会污名。当家庭成员因年老而变得太虚弱的时候，他们就会被遗弃在雪地里，等待死亡的来临。

我们大多数人都会认为爱斯基摩人的习俗完全不能接受。我们自己的生活方式是如此自然和正确，以至于我们很难想象其他人的生活会如此不同。当我们听说有这样的人的时候，我们可能会认为他们"落后""原始"。但是对人类学家来说，爱斯基摩人似乎没有什么不同寻常。从希罗多德的时代开始，开明的评论者就已经知道，不同文化之间关于正确与错误的观念是有很大差异的。如果我们假定每个人都会分享我们的价值观，那就太天真了。

文化相对主义

对很多人来说，这个观点——"不同的文化有不同的道德规范"——似乎是理解道德的关键。他们说，没有普遍的道德真理，不同社会的习俗就是一切。称这些习俗是"对"还是"错"，就意味着我们能够依据某些独立的或客观的关于"对"与"错"的标准来做出判断。但事实上，我们仅仅是在根据我们自己文化的标准来进行判断。独立的标准并不存在，每一个标准都是与文化联系在一起的。社会学家威廉·格雷厄姆·萨姆纳（1840—1910）这样写道：

> "正确"的方式是那种我们的祖先使用，并且一直在传承的方式。……正确的观点就存在于风俗之中。它不是外在于风俗、有独立来源的，也不是用来检验它们的。在风俗中，无论什么都是正确的。这是因为它们是传统，并且因此在它们之中包含了祖先的权威性。当我们遭遇风俗时，便到了分析的终点。

这一思路比其他任何思路更能劝导人们怀疑伦理学。事实上，文化相对主义认为，在伦理学中，没有普遍真理之类的东西；只有各种不同的文化规范。文化相对主义挑战了我们对道德真理的客观性和合法性的信念。

文化相对主义者坚持下面的主张：

（1）不同的社会有不同的道德规范。

（2）一个社会的道德规范决定了在这个社会的范围内什么是对的。也就是说，如果某个社会的道德规范说某种行为是对的，那么这种行为就是对的，至少在那个社会的范围内是这样的。

（3）没有客观的标准用来判断一个社会的道德规范比另一个社会的道德规范更好。没有在所有的时代被所有人坚持的道德真理。

（4）我们自己社会的道德规范也没有特殊的地位，它只是众多规范中的一种。

（5）对我们来说，评判其他文化是一种自大。我们对其他文化应当总是采取一种宽容的态度。

观点（2）——正确与错误取决于一个社会的规范——是文化相对主义的核心。然而，它似乎与观点（5）相冲突，观点（5）说，我们应当总是宽容其他文化。我们真的应该总是宽容它们吗？如果我们社会的规范不支持宽容它们呢？比如，纳粹的部队于 1939 年 9 月 1 日入侵波兰，这是第二次世界大战的开端，这是一个第一序列的不宽容行为。但是，如果它符合纳粹的理念该怎么办呢？一个文化相对主义者似乎不能批评纳粹的这种不宽容，如果他们所做的一切只是遵循他们自己的道德信念。

文化相对主义者为他们自己的宽容而自豪，如果他们的理论居然支持好战社会的不宽容，这简直就是一个讽刺。然而，文化相对主义不必那样。如果恰当地理解文化相对主义者，他们所坚持的其实是：一个文化的规范在这个文化自身的界线之内至高无上。因此一旦德国士兵进入波兰，他们就被波兰的社会规范所约束——显而易见，这些规范不允许屠杀无辜的波兰人。文化相对主义者同意古谚所说的：身在罗马就该像罗马人一样行事。

文化差异论证

文化相对主义者经常采用一种特定的论证形式。他们从关于文化的事实开始，得出关于道德的结论。例如，他们会让我们接受这样的推理：

（1）希腊人认为吃死尸是错的，而卡拉提亚人认为吃死尸是对的。

（2）因此，吃死尸在客观上既不是对的，也不是错的，它只是一种随不同文化而变化的主观意见。

或者说：

（1）爱斯基摩人认为杀婴没什么错，而美国人认为杀婴是不道德的。

（2）因此，杀婴在客观上既不是对的，也不是错的，它只是一种随不同文化而变化的主观意见。

显然，这些论证是同一种基本思想的变体。两者都是一个更一般的论证的例证，这个更一般的论证是：

（1）不同的文化有不同的道德规范。

（2）因此，在道德上没有客观的"真理"。正确或错误只是一种主观意见，并且这种意见随不同的文化而变化。

我们可以将这个论证称为文化差异论证。对很多人来说，它是有说服力的。但它是一个充分的论证吗？它是有效的吗？

它不是。如果一个论证有效，它的所有前提都应该是真的，其结论也应该能从前提中逻辑地推导出来。问题是，这里的结论不是从前提中得出来的，也就是说，即使前提是真的，结论也可能是假的。这里的前提是关于人们相信什么——在有些社会人们相信某件事情，在另一个社会人们相信其他事情，而结论却是关于确切的事实是什么。用哲学术语说，这意味着论证无效。

再回到希腊人和卡拉提亚人的例子。希腊人认为吃死尸是错的，而卡拉提亚人认为吃死尸是对的，从这个仅有的事实，即他们彼此不同意对方的观点，是不是能够推出在这个问题上没有客观真理呢？不，不能推出。可能存在客观真理，两方都没有看到，或者只有其中一方看到了。

为了使这一点更清晰，考虑一个不同的情况。在有些社会，人们认为地球是平的，在另一些社会，比如我们的社会，人们认为地球是球形的。能不能从人们彼此不同意对方的观点这一仅有的事实就推出，在地理学上没有客观真理呢？当然不能。我们从来不会得出这样的结论，因为我们认识到，某些社会的人们的确是错的。即使地球是球形的，一些人也可能不知道这一点。相似地，如果存在道德真理，也不会被人们普遍地知道。文化差异论证试图从人们彼此不同意这一仅有的事实推导出关于道德的结论，但这是不可能的。

这一点不应该被误解。我们不是说这个论证的结论是假的，因为我们已经说了，它仍然可能是真的。问题是，文化差异论证不能证明它是真的。因此，这个论证就失败了。

文化相对主义的后果

如果文化相对主义是真的，能够从中得到什么呢？

在上文引述的段落中，威廉·格雷厄姆·萨姆纳论述了文化相对主义的本质。他说，对与错的唯一尺度就是社会本身的标准。"正确的观点就存在于风俗之中。它不是外在于风俗、有独立来源的，也不是用来检验它们的。在风俗中，无论什么都是正确的。"如果我们认真地对待这一点，会从中得到什么结论呢？

（1）我们将不能再说其他社会的风俗和我们社会的风俗相比在道德上是低等的。这是文化相对主义强调的主要观点之一——我们从来都不应该仅仅因为一个社会是"不同的"而谴责它。这种态度似乎是开明的，特别是当我们专注于某些例子，例如希腊人和卡拉提亚人的葬礼实践。

然而，如果文化相对主义是真的，那么我们在批评其他的、更有害的行为时也会受到阻碍，而无法谴责那些不良行为是不文明的。如果我们接受文化相对主义，就不得不认为那些不良实践是不应受批判的。

（2）我们不再能够批评我们自己社会的规范。文化相对主义推荐了一个决定是非对错的简单测试：我们所要做的，就是问一问一种行为是否符合这种行为所在的社会的规范。假设印度居民怀疑他们国家的种姓制度——一种严格的社会等级制度——在道德上是不是正确，他所要做的就是问一问这种制度是否符合他们社会的道德规范。如果答案是"是"，那么，它就不可能是错的。

文化相对主义的这层含义正受到困扰，因为我们很少会认为我们社会的道德规范是完美的，相反，我们很容易就能够想到一些有待提高的方面，而且我们也能够想到一些可以向其他文化学习的方面。然而，文化相对主义禁止我们批评我们自己社会的规范，而且它也阻止我们看到其他文化的一些可能更好的方面。毕竟，如果对与错都是相对于文化而言的，那么这对于我们的文化和其他文化一样都是如此。

（3）道德进步的思想受到质疑。我们认为，至少有些社会变得更好了。例如，纵观西方社会的大部分历史，妇女的社会地位被狭隘地限制。妇女不能有自己的财产，不能有选举权或者担任政治职务，她们几乎处于丈夫或父亲的绝对控制之下。近来，这种状况已经大为改观，而且我们大多数人认为这是一种进步。

但是，如果文化相对主义是正确的，我们还能合理地认为这是进步吗？进步意味着以一种新的更好的方式替代原来的方式。但是，文化相对主义者能以什么为标准来判断新的方式更好呢？如果旧的方式与那个时代的标准相吻合，文化相对主义者就不能谴责它。毕竟，那些旧的方式或传统"有它们自己的时间和地点"，我们不应该用我们的标准来评判它。存在性别歧视的 19 世纪社会与我们现在居住的社会是不同的社会。因此，文化相对主义者不能将妇女历经数世纪所取得的进步视为（真的）进步——毕竟，谈论"真的进步"正是在做一种跨文化判断，而这种判断是文化相对主义者所禁止的。

根据文化相对主义，只有一种实现社会进步的方式：让它更符合自身的理想。毕竟，那些理想将决定是否取得进步。然而，没有人会挑战这些理想本身。那么，根据文化相对主义的观点，社会变革的思想仅仅在这种有限的方式上是有意义的。

文化相对主义的这三个结果已经让很多人拒绝它了。再举一个例子，无论奴隶制发生在何时，我们都想谴责它，并且我们都相信，在西方世界普遍地废除奴隶制是人类进步的标志，但文化相对主义不同意这一点，所以它不可能是对的。

为什么分歧比看起来的少

文化相对主义开始于观察到了不同文化在对与错的观点上存在巨大差异。但是，这些差异究竟有多大？存在差异是事实，但它也很容易被夸大。一些起初看似有很大差异的事物最终经常会变成没有任何差异。

试想有一种文化，人们谴责吃母牛的肉。这可能是一种贫穷的文化，虽然没有足够的食物，但母牛仍然是不能吃的。这样一个社会的价值观显然与我们的价值观有相当大的不同。但果真如此吗？我们还没问这些人为什么不吃母牛的肉。假设这是因为，他们相信人死后灵魂会附着在其他类型的动物身上，特别是母牛的身上，这样母牛很可能是某个人的祖母，我们还会说他们的价值观和我们的不同吗？不会。我们之间的不同在别的地方，在我们的信念，而不是价值观。我们认同我们不应该吃祖母，我们不认同的只是母牛是否会是祖母。

重要的是，一个社会的习俗是由很多因素共同作用产生的。不仅社会的价值观很重要，社会成员所持的宗教和事实上的信念，以及自然环境也很重要。那么，我们就不能因为两个社会在风俗习惯上存在差异就得出结论说，它们在价值观方面是不同的。毕竟风俗的不同有很多原因。因此，跨文化间在道德上的不一致比表面看上去要少。

再来看爱斯基摩人。他们会杀害完全健康的婴儿，特别是女婴。我们不赞同这样的事情，在我们的社会，父母杀死婴儿是要坐牢的。因此，两种文化的价值观显然有巨大的不同。但是想象一下，我们问问爱斯基摩人为什么这么做。对这个问题的解释并不是他们缺少对人类生命的尊重，或者他们不爱自己的孩子。如果条件允许，爱斯基摩家庭总是愿意保护自己的孩子。但是爱斯基摩人生活在如此恶劣的环境中，食物奇缺。引用一句古老的爱斯基摩谚语："生活很难，安全边际很小。"一个家庭很想养育所有的孩子，但没有能力这样做。

除了食物缺乏，还有几个因素可以解释为什么爱斯基摩人有时会采取杀婴的做法。其中之一是，他们缺乏避孕的措施，所以意外怀孕很常见。另一个因素是，爱斯基摩人的母亲通常比我们的文化中的母亲哺育婴儿的时间更长——四年，甚至可能更长。所以，即使在情况最好的时候，一个母亲也只能养育很少的孩子。而且爱斯基摩人是游牧的，在北极恶劣的气候条件下，他们无法从事农业，不得不四处迁移以寻找食物。婴儿不得不被母亲带在身边，当母亲赶路和在外劳作时，她的皮袍里只能容纳一个婴儿。

女婴比男婴更经常被杀出于两个原因。首先，在爱斯基摩人的社会，男性是重要的食物提供者——他们是猎人。因此，男性对社会更有价值，因为食物匮乏。其次，因为猎人有很高的伤亡率，所以过早死亡的男性人数远远多于过早死亡的女性人数。如果男婴和女婴存活的数量相同，成年女性人口就会大大地超过成年男性人口。在考察了这些有用的统计数据之后，一名研究者得出结论："如果不杀女婴……在当地普通的爱斯基摩人群体中，成年女性大约会是生产食物的男性的 1.5 倍。"

所以，爱斯基摩人杀婴不是出于对儿童的根本漠视。相反，出现杀婴现象的原因是，为了确保群体的存续，需要采取极端的措施。然而即便如此，杀婴也总是被看作最后的办法——收养则更为常见。由此看来，爱斯基摩人的价值观与我们的价值观非常相似，只是生活将这种选择强加于他们身上，而我们不必做这样的选择。

所有文化共有的价值观

爱斯基摩人是保护他们的孩子的，这一点我们不应该感到惊奇。怎么可能不这样呢？婴儿是无助的，如果没有广泛的照料，他们就无法生存。如果一个群体不关爱年轻人，年轻人就无法生存，这个群体的老年成员就不能得以更替，最终这个群体就会消亡。这就意味着，任何持续存在的文化群体都有关爱青少年的传统。婴儿被忽略一定是例外，而不是常规。

相似的推理也表明，在每一种文化中，诚实都有着极为重要的价值。想象一下，如果一个社会认为讲真话没有任何价值，这个社会会怎么样呢？在这样的地方，当一个人对另一个人说话时，不能假定他说的是真话，因为他很容易撒谎。在这样的社会中，没有理由关注任何人说的话。假设我想知道现在的时间，如果撒谎是非常普遍的，我为什么多此一举地打扰别人呢？在这样的社会，交流即便不是不可能的，也会变得极端困难。因为如果社会成员之间没有交流，社会就不可能存在，所以这样的社会是不可能存在的。由此可以推论出，在每一个社会中，人们都一定重视真诚的价值。当然，在一些情况下，撒谎也被允许，但社会仍然在大多数情况下重视诚实的价值。

考虑一下另一个例子。一个不禁止谋杀的社会能够存在吗？那将是一个怎样的地方？假设人们可以随心所欲地互相残杀，没有人反对这样做，那么在这样一个社会中，就没有人会感到安全。每个人都会一直保持警戒，并且会试图尽可能地躲避其他人——那些潜在的杀手。这样的结果就是，每个人都试图自给自足，任何大规模的社会都是不可能存在的。当然，人们可能以更小规模的群体联系在一起，这种小群体会让他们感到安全。但是，请注意这意味着什么：他们正在构造更小的、承认禁止谋杀这一规范的社会。那么禁止谋杀，就是所有社会的必要特征。

这里有一个一般的理论观点，即：存在一些所有社会必须共同认同的道德规范，因为这些规范对社会存在是必要的。反对撒谎和谋杀的规范是两个例子。事实上，我们发现这些规范在所有的文化中都是有效的。在这些规范的合理例外上，不同的文化会有差异，但是这些规范自身是相同的。因此，我们不应该过高地估计文化之间的差异。在不同的社会之间，不是每一条道德规范都会不同。

进而言之，因为共有的人类本性，不同的社会经常会具有相同的价值观。在每个社会中都会有一些东西是大多数人想要的。例如，每个地方的人都想要清洁的水、休闲的时间、良好的医疗条件、选择自己朋友的自由。共同的目标经常会产生共同的价值观。

评判一种不良的文化实践

1996 年，17 岁的福齐亚·卡辛加抵达新泽西州纽瓦克国际机场，请求庇护。她逃离自己的祖国多哥，一个非洲西部的小国，以逃避人们所称的"切除"。切除会造成永久性的伤害，有时被叫作"女性割礼"，但它与男性割礼几乎没有任何相似之处。在西方媒体中，它经常是指一种对"女性生殖器的损毁"。

根据世界卫生组织统计，有 2 亿多仍在世的女性被实施了切除。切除发生在非洲、中东和亚洲的 30 个国家中。有时，切除是一些小村子举行的复杂的部落仪式的一部分，而女孩盼望它的原因是，它标志着她进入成人世界。在另一些情况下，它被强加于城市中那些拼命抵抗的青年妇女。

福齐亚·卡辛加是家里五个女儿中最小的一个。她的父亲拥有成功的运输生意，反对切除，他能够拒绝传统是因为他富裕。他的前四个女儿已经出嫁了，没有被实施切除。但是当福齐亚 16 岁时，父亲突然去世了，之后她就处在婶婶的掌控之下。婶婶给她安排了婚事，并准备让她接受切除。福齐亚感到十分惊恐，在其他家庭成员的帮助下，她逃跑了。

在美国，福齐亚被关押了近 18 个月，当局才最终决定该怎么处理这件事。在这期间，她受到屈辱的脱衣搜查，她的哮喘得不到治疗，被像罪犯一样对待。最终，由于她的案子激起了极大的争论，她得到了庇护。争议的焦点不是她在美国所受到的待遇，而是我们应该如何看待其他文化的习俗。《纽约时报》发表系列文章，鼓励这样的观点：切除是野蛮的、应该被谴责的。而有些观察者不愿意这样评判。他们说，自己活，也得让别人活，毕竟，我们的文化对非洲人来说可能同样也是奇怪的。

假设我们说切除是错的，我们就是在将自己的文化标准强加于人吗？如果文化相对主义是正确的，我们所能做的就只能是把自己的文化标准强加于人，因为没有可供我们诉求的文化中立的道德标准。但是，这是真的吗？

有没有文化中立的对与错的标准？ 在很多方面切除都是不好的。切除是痛苦的，并且其结果是永久地失去性的快乐。其短期后果包括：严重出血、排尿问题和败血症，有时会死亡。其长期后果包括：慢性感染、囊肿、结痂导致的行走障碍。

那么，为什么它会是一种如此广泛的社会实践？这不太好说。这种实践没有明显的社会利益。与爱斯基摩人的杀婴不同，切除对于群体的生存不是必要的。它也不是一个宗教问题。切除被不同的宗教群体实践着，包括伊斯兰教和基督教。

然而，却有很多为它辩护的论证。不能有性快感的女性不太可能乱来，这样，未婚妇女意外怀孕就会减少。如果性只是一种责任，妻子就不太可能欺骗她们的丈夫，因为如果她们不考虑性，她们就会更加关注丈夫和孩子的需要。就丈夫这一方来说，据说他们与被切除的妻子做爱会享受到更多的性快乐。丈夫觉得没有切除的妇女是不洁的和不成熟的。

嘲笑这些论证很容易，它们在很多方面有瑕疵。但是，请注意这些论证的重要特征：它们试图通过表明切除是有益的来证明它的合理性——妇女被切除，据说对男人、女人和他们的家庭都有更大的好处。因此我们可以通过追问切除在总体上是有利的还是有害的，来探讨这一问题本身。

这就提出了一个标准，它可以被合理地运用于对任何社会实践的思考：这个实践是推进还是阻碍了受其影响的人们的福祉？这个标准可以用来评判任何时间、任何文化的实践。当然，人们通常不会把它看作"从外面引进来"对他们进行评判的标准，因为所有的文化都重视人类的福祉。然而，它看起来就是那种文化相对主义禁止的文化中立的道德标准。

尽管如此，为什么有思想的人仍然可能不愿意批评别的文化？虽然很多人也会对切除感到恐惧，但他们仍然不愿意谴责它，有三个原因。

首先，人们对干涉他人的社会习俗感到紧张，这是可以理解的。欧洲人和他们在美国的后裔有着在基督和启蒙的名义下破坏土著文化的不体面的历史。因此，一些人拒绝批评其他文化，特别是那些与过去被不当对待的文化相似的文化。然而，（a）判断一个文化实践是有缺陷的和（b）认为我们的领导人应当宣布这一事实，施加外交压力、派出军队干预，这两者之间有很大的差异。前者只是希望从道德的层面看清世界，后者则完全是另外一回事了。有时，"做点什么"也许是对的，但经常并非如此。

其次，人们可能觉得，我们应当宽容其他文化。宽容无疑是一种美德——宽容的人能够与那些持不同观点的人和平共处。但是，宽容并不是说，一切信念、一切宗教以及一切社会实践都是同等地值得尊敬的。相反，如果我们不认为有些东西比其他的更好，那就谈不上要宽容什么了。

最后，因为人们不想表达对这些被批评的社会的轻视，所以他们不愿意做出评判。但是，这又是被误导的：谴责一个特定的风俗，并不是谴责整个文化。毕竟，一个有缺点的文化仍然可能具有很多值得尊敬的特征。事实上，我们应当期望这适用于所有人类社会——所有人类社会都是好的实践和坏的实践的混合体。切除恰好是坏的实践之一。

回顾五种主张

现在让我们回过头看看前面列出的文化相对主义的五个信条。它们在我们的讨论中进展如何？

（1）不同社会有不同的道德规范。

这当然是真的，虽然有一些价值观是所有社会共同拥有的，例如说真话的价值、关心年轻一代的重要性和禁止谋杀等。而且当不同社会的风俗存在差异时，其深层的原因通常更多地与这些社会关于文化事实的信念有关，而不是与人们的价值观有关。

（2）一个社会的道德规范决定了在这个社会的范围内什么是对的。也就是说，如果某个社会的道德规范说某种行为是对的，那么这种行为就是对的，至少在那个社会的范围内是这样的。

这里我们一定要记住，一个社会在道德上相信什么和什么是真理之间是有差异的。一个社会的道德规范与人们在这个社会中认为什么是道德的紧密地联系在一起。然而，那些规范和那些人很可能是错的。在前面，我们考察了切除——很多社会赞同的野蛮实践——的例子。再举两个例子，这两个例子都涉及虐待妇女。

● 2002 年，一名尼日利亚的未婚母亲因为在婚姻之外有性生活而被判处用石块砸死的刑罚。由于这一判决后来被尼日利亚的更高级别的法院推翻了，所以不清楚尼日利亚的价值观在总体上是否赞同这种判决。然而，这个判决被推翻的部分原因是取悦尼日利亚之外的人——换言之，为了取悦对此感到震惊的国际社会。当判决最初在法庭上被宣布时，在场的尼日利亚人欢呼雀跃。

● 2007 年，一名妇女在沙特阿拉伯被轮奸。她去找警察，警察却逮捕了她，理由是她单独和一个与她并无血缘关系的男人在一起。因为这项罪名，她被判处鞭笞 90 下。她为此上诉，这又激怒了法官，他们提高了对她的刑罚，鞭笞 200 下并判处六个月的监禁。最后，沙特国王赦免了她，但他说法官给了她正确的判决。

实际上，文化相对主义者坚持认为，那些社会在道德上是绝对正确的。换句话说，一个文化的道德从来不可能是错的。但是，如果我们看到那些社会竟然可能并且确实赞同如此严重的不道义，我们就会明白，那些社会与他们的成员一样需要道德进步。

（3）没有客观的标准用来判断一个社会的道德规范比另一个社会的道德规范更好。没有在所有的时代被所有人坚持的道德真理。

想出一个被所有的时代、所有人都坚持的伦理原则是困难的。然而如果我们批评奴隶制、石刑，或者损毁生殖器的实践，并且如果这种实践确实真的错了，那么我们必然是诉诸了某种不受特定社会的传统束缚的原则。前文中我提出了这样的原则：一种实践是推进还是阻碍受其影响的人们的福祉是非常重要的。

（4）我们自己社会的道德规范也没有特殊的地位，它只是众多规范中的一种。

这是真的，我们社会的道德规范没有特殊的地位。毕竟，我们的社会周围并没有神圣的光环，我们的价值观没有任何特殊地位，它们只是碰巧在我们成长的地方得到了认可。然而，说我们自己社会的道德规范"只是众多规范中的一种"，似乎意味着所有的规范都是相同的——它们都是同样地好或者同样地不好。事实上，一个既定的道德规范是否"只是众多规范中的一种"，这是一个开放的问题。我们的规范可能是最好的之一，也可能是最坏的之一。

（5）对我们来说，评判其他文化是一种自大。我们对其他文化应当总是采取一种宽容的态度。

这一观点中有很多真理性的因素，但问题是有些夸大了。当我们批评其他文化时，确实经常是自大的，并且宽容通常也是一件好事。然而，我们不应该宽容每一件事。对酷刑、奴役和强奸的宽容是一种罪恶，而不是美德。

我们能从文化相对主义中学到什么

到目前为止，在讨论文化相对主义时，我主要讨论了它的缺点。我已经说过，它基于一个无效的论证，得出了似是而非的结论，并且它夸大了不同社会之间道德上的不一致。所有这些加起来就意味着对这个理论的彻底否定。然而，你可能感到这有点不公平。这个理论中有些东西一定有其可取之处，不然它怎么会有如此大的影响？事实上，我认为，文化相对主义确实有些道理，我们应当从中学习两点。

首先，文化相对主义非常正确地向我们警示这样一种危险，即假定我们所有的实践都基于绝对理性的标准。但事实并不是这样的。我们的一些习惯只是传统的习俗——只是我们的做事方式所特有的——并且我们很容易忘掉这个事实。在提醒我们注意这一点上，文化相对主义理论做出了自己的贡献。

葬礼实践就是一个例子。根据希罗多德的看法，卡拉提亚人是"吃他们父亲的人"——一个令人震惊的看法，至少对我们来说是如此。但是，吃死者的尸体可以被理解为尊敬的标志。它可以被当作一个象征性的行为，它表示：这个人的灵魂将会常驻于我们的身体之内。也许这就是卡拉提亚人的理解。按此思路，埋葬死者被视为拒绝的行为，而焚烧尸体被视为确定的轻蔑。当然，我们可能对吃人肉的想法感到厌恶，但这又怎么样呢？我们的反感可能只是我们成长起来的这个地方的反应。文化相对主义开始于这一洞识，即我们的很多实践类似于此——它们只是文化的产物。如果假定所有的实践都如此，这又是错误的。

考虑一下一个更为复杂的例子：单偶制婚姻。在我们的社会，理想的状况是谈恋爱、结婚，一个人对另一个人永远保持忠诚。但是，没有追求幸福的其他方式吗？专栏作家丹·萨维奇列出了一夫一妻制可能的缺点："无聊、绝望、缺少变化、性死亡以及被视为理所当然。"出于这些原因，很多人把一夫一妻制当作一种不切实际的目标——对这种目标的追求不可能令他们幸福。

替代性的选择是什么？一些已婚夫妇通过允许彼此偶尔的婚外纵情来拒绝一夫一妻制。允许配偶有外遇是冒险的——一方可能感到太过嫉妒，或者配偶可能不会回来了——但是婚姻中更大的开放性可能比现有的婚姻体系更好，在现有的婚姻体系中，很多人感到有罪恶感，陷入性困境，不能谈论他们的情感。也有人更为激进，他们偏离一夫一妻制，拥有一个以上的长期性伴侣，身涉其中的每个人都同意这样。在这种"开放"的关系中，重点是诚实和透明，而不是忠诚。如果一个男人的妻子允许他与另一个女人有性关系，那么他就没有"欺骗"她——他没有背叛她的信任，因为她已经同意了。或者四个人生活在一起，并且作为一个家庭运转，彼此相爱，他们认为，这在道德上也没有什么错。但是，我们社会中的大多数人不会赞同任何偏离一夫一妻制的行为。

其次，要保持开放的心态。在成长的过程中，我们会逐步形成一些强烈的情感：我们学会了把某种类型的行为看作是可以接受的，把其他行为看作是不可容忍的。偶尔，我们会发现那些情感受到了挑战。例如，我们可能接受了"同性恋是不道德的"这样的教育，并且我们处在同性恋者中间时会感到非常不舒服。但是有些人认为我们的情感是不公正的，同性恋者没有什么错，同性恋者像其他人一样也是人，他们只是凑巧被与他们同性的成员所吸引。因为我们对此的情感如此强烈，所以我们发现很难认真地对待我们是有偏见的这个想法。

文化相对主义为这种独断论提供了一剂解毒剂。希罗多德在讲述希腊人和卡拉提亚人的故事时，还加上了下面的论述：

> 如果某个人——无论是谁——有机会从世界上所有的国家中，选择一个他认为最好的信仰体系，在对其相对优点进行认真的思考之后，他会不可避免地选择自己国家的信仰体系。每个人都毫无例外地相信，自己家乡的风俗以及他所浸润其中的宗教是最好的。

认识到这一点能够帮助我们开放自己的心态。我们可以看到，我们的情感并不必然是对真理的领悟——它们可能只是文化条件的产物。因此当我们听到对我们的文化的批评时，我们发现自己会变得愤怒和抗拒，这时，我们可以停下来，并且想一想这一点。然后我们可以更加开放地去发现真理，无论它是什么。

这样，我们就能理解文化相对主义的诉求，虽然它也有缺点。它是有吸引力的理论，因为它基于一个天才的洞见：很多我们认为如此自然的实践和态度其实只是文化的产物。如果我们想避免自大并且保持对新思想的开放心态，那么记住这种观点是重要的。这些是重要的观点，不要掉以轻心。我们可以接受这些观点，但不是整个理论。

资料来源

希腊人和卡拉提亚人的故事引自 Herodotus，*The Histories*，translated by Aubrey de Selincourt，revised by A. R. Burn（Hanmondsworth，Middlesex：Penguin Books，1972），pp. 219-220。本章结尾处对希罗多德的引述出自同一来源。

关于爱斯基摩人的信息引自 Peter Freuchen，*Book of the Eskimos*（New York：Fawcett，1961）和 E. Adamson Hoebel，*The Law of Primitive Man*（Cambridge，MA：Harvard University Press，1954），Chrapter 5。对杀死女婴如何影响成年爱斯基摩人人口中男女比例的评价出自 Hoebel 的作品。

对威廉·格雷厄姆·萨姆纳的引述出自他的 *Folkways*（Boston：Ginn，1906），p. 28。

《纽约时报》关于女性生殖器切除的系列文章包括在 1996 年 4 月 15 日、4 月 25 日、5 月 2 日、5 月 3 日、7 月 8 日、9 月 11 日、10 月 5 日、10 月 12 日和 12 月 28 日发表的文章（主要由 Celia W. Dugger 撰写）。关于福齐亚·卡辛加，我从公共广播电视公司（PBS）对她的采访中获得了更多的信息，见 http：//www. pbs. org/speaktruthtopower/fauziya. html，相关数据引自世界卫生组织关于"女性生殖器切除"的情况介绍（更新至 2017 年 2 月），见 http：//www. who. int/mediacentre/factsheets/fs241/en/。

被判死刑的尼日利亚妇女的故事来自美联社 2002 年 8 月 20 日和 2003 年 9 月 5 日发表的文章。

被判鞭刑的沙特妇女的故事来自《纽约时报》2007 年 11 月 16 日和 12 月 18 日发表的文章。

丹·萨维奇的话转引自 Mark Oppenheimer，"Married，with Infidelities，" *The New York Times Magazine*，July 3，2011，pp. 22 - 27，46（quotation on p. 23）。

第3章　伦理学中的主观主义

可以举任何一个被认为是罪恶的例子，比如故意杀人。从各个方面考察它，看看你能否找到被称为恶的事实或真实性存在。……你从来没有找到过，直到你反观自己的内心，并且发现一种在你内心升起的、谴责这一行为的感情。这就是事实，但它是情感的对象，不是理性的对象。

——大卫·休谟：《人性论》(1739—1740)

伦理主观主义的基本思想

2001 年纽约市市长竞选，到了同性恋自豪日大游行的时候，每个单身的民主党和共和党的候选人都在队伍中露面了。同性恋者人权组织领导人马特·福尔曼描述说，所有候选人"在我们的问题上都很友好"，他说"在这个国家的其他地区，如果坚持在这里的立场，就算在选票上不受到致命的打击，也会极不受欢迎。"美国共和党显然是同意这一点的，几十年来，它一直反对同性恋者人权运动。

但整个国家的人究竟怎么看这个问题呢？自 2001 年游行起，盖洛普民意调查一直持续调查美国人关于同性关系的个人观点。2001 年，只有 40％的人认为同性关系"在道德上是可接受的"，53％的美国人认为同性关系"在道德上是错的"。到 2017 年，这一数字发生了戏剧性的变化。63％的人认为同性关系"在道德上是可接受的"，只有 33％的人将其视为"在道德上是错的"。

两种观点的人都有强烈的情感。作为国会议员，迈克·彭斯在众议院公开反对同性婚姻。他称传统婚姻是"我们社会的支柱"，警告美国人，"社会崩溃"总是伴随着"婚姻和家庭的恶化"。彭斯是一位福音派基督徒。天主教的观点可能与之有细微的差别，但是它也认为同性恋者的性是错的。根据《天主教会教义问答书》，同性恋者"没有选择他们的同性恋状态"，必须得到尊重、同情和体谅，每一种在他们看来不公正的歧视都是应当避免的"，然而，"同性恋的性行为本质上是混乱的"，并且"在任何条件下都是不被允许的"。所以，如果同性恋者想成为有德性的人，那么他们必须克制自己的欲望。

我们应当持哪一种态度？我们可以说同性关系是不道德的，或者我们可以认为同性关系是可以接受的，但是还有第三种选择，我们可以认为：

> 人们有不同的意见，但就道德而言，没有"事实"，没有人是"正确的"。人们只是对事物有不同的感觉，仅此而已。

这就是伦理主观主义背后的基本观点。伦理主观主义是一种理论，它认为我们的道德意见基于我们的情感，仅此而已。正如大卫·休谟（1711—1776）所说，道德是一个"情感"而非"理性"的问题。根据这种理论，没有对与错这样的事情。一些人是同性恋，一些人是异性恋，这是事实，但是同性恋者比异性恋者在道德上更好或更坏，这不是事实。

当然，伦理主观主义并不只是一种关于同性关系的思想，它也适用于所有的道德问题。举一个不同的例子，在美国，每年有超过50万例堕胎，这是一个事实，但是根据伦理主观主义，"这在道德上可以被接受或在道德上是错的"这一点则不是事实。当反堕胎者称堕胎是"谋杀"，他们只是在表达他们的愤怒。当支持堕胎者说，一个妇女应该有权利进行选择时，他们只是让我们知道了他们的感受。

语言学转向

伦理主观主义的惊人之处是它对于道德价值的观点。

如果伦理学没有客观基础，那么道德就只是一种意见，并且对一些事情"真的"对或"真的"错的感觉只是一种幻觉。然而，大多数发展了这种理论的道德哲学家并没有关注它对价值的意义。到 19 世纪末，专业哲学进行了一次"语言学转向"，哲学家开始几乎只专注于语言和意义问题。这一趋势持续到大约 1970 年。在此期间，伦理主观主义得到了发展，哲学家们追问这样的问题：当人们使用像"善"或"恶"这样的词时，他们究竟是什么意思？道德语言的目的是什么，道德争论如果不是关于谁的意见（真的）正确，他们争论的是什么？针对哲学家们心中的这些问题，他们提出了这种理论的各种版本。

朴素主观主义。这个理论最朴素的版本是：当一个人说某件事情在道德上是善的或恶的，这意味着他同意或不同意那件事情，没有其他更多的含义。换句话说：

> X 在道德上是可接受的
>
> X 是正确的
>
> X 是善的
>
> X 是应当做的
>
> 所有这些都意味着："我（说话者）同意 X。"

相似地，

> X 在道德上是不可接受的
>
> X 是错误的
>
> X 是恶的
>
> X 是不应当做的
>
> 所有这些都意味着："我（说话者）不同意 X。"

我们可以把这个版本的理论叫作朴素主观主义。它以一种平实而简洁的形式表达了主观主义的基本思想，并且很多人发现它是有吸引力的。然而朴素主观主义会招致严重的反对。

反对意见是，朴素主观主义不能解释不一致。让我们来思考一下先前的案例。同性恋者权利提倡者马特·福尔曼相信同性恋在道德上是可接受的，麦克·彭斯相信不是这样的，福尔曼和彭斯彼此的观点互不相同。但让我们来思考一下，就这种情况而言，朴素主观主义意味着什么。

根据朴素主观主义，当福尔曼说"同性恋在道德上是可接受的"时，他只是在说关于他对同性恋的态度的一些事情——他在说："我，马特·福尔曼不是不赞同同性恋。"彭斯不同意这一点吗？不，他也同意这一点，即马特·福尔曼不是不赞同同性恋。同时，当彭斯说做一个同性恋者是不道德的，他只是在说："我，麦克尔·彭斯不赞同同性恋。"那么，怎么可能有人怀疑这一点呢？因此根据朴素主观主义，他们之间没有分歧，他们每个人都应该承认另一个人说的是事实。虽然这里确实有错谬之处，因为福尔曼和彭斯确实彼此不同意。

朴素主观主义意味着一种永远的挫败感。彭斯和福尔曼的观点存在着深刻的对立，然而他们却不能以一种表现他们分歧的方式来陈述他们的信念。福尔曼试图否定彭斯所说的，但根据朴素主观主义，他只是在成功地谈论他自己。

这个论证可以这样概括：当一个人说"X 在道德上是可接受的"而其他人也可以说"X 在道德上是不可接受的"之时，他们彼此不同意对方的观点。然而，如果朴素主观主义是正确的，那么他们之间没有什么不一致。① 因此，朴素主观主义不可能是正确的。这个论证似乎表明朴素主观主义是有缺陷的。

情感主义。朴素主观主义的升级版是人们所熟知的情感主义。情感主义在 20 世纪中期盛行，这主要归功于美国哲学家查尔斯·L. 史蒂文森（1908—1979）的努力。

史蒂文森观察到，语言可以以不同的方式被加以运用。有时它被用于陈述，即陈述事实。因此，我们可以说：

"天然气的价格在上涨。"

"四分卫佩顿·曼宁经历了多次颈部手术，停赛一年，然后打破了本赛季最多触地传球的记录。"

"莎士比亚写了《哈姆雷特》。"

在上述每一种情况下，我们都在说某种或真或假的事情，并且我们说出来的目的，显然是把信息传达给听众。

然而，有些语言可能会被用于其他目的。假设说："关上门！"这种表达方式没有真假之分，它不是一个陈述，它的目的不是传达信息，它是命令，目的是让某人去做某件事情。

---

① 根据朴素主观主义的观点，道德判断是关于说话者主观态度的事实陈述，那么如果 A 说 "X 在道德上是可接受的"，他所陈述的只是自己的态度，即使 B 认为 "X 在道德上是不可接受的"，B 也会认同 "A 认为 'X 在道德上是可接受的'" 这一事实，而 A 也会认同 "B 认为 'X 在道德上是不可接受的'" 这一事实。因此，A 和 B 对于他们各自态度的事实是没有争议的。由于朴素主观主义认为道德判断只是对说话者态度的陈述，而 A 和 B 对于他们各自态度的事实恰恰是没有争议的，因此朴素主观主义认为他们之间没有不一致。事实上，朴素主观主义通过将道德判断定义为对主观态度的事实陈述而取消了关于道德事实的争论。——译者注

再考虑这样一种表达方式，它既不是陈述事实，也不是命令。

"啊哈！"

"加油！佩顿！"

"唉！可怜的约里克。"

我们很容易理解这些句子，但它们中也没有哪个是"真的"或"假的"。（说"'加油！佩顿！'是真的"或者"'啊哈！'是假的"是没有意义的。）这些句子不是用来陈述事实或者影响他人行为的。它们的目的只是表达说话者的态度——对天然气价格，或者佩顿，或者约里克的态度。

现在我们来考察道德语言。根据朴素主观主义，道德语言陈述了事实——道德判断说明了说话者的态度。根据这一理论，当彭斯说"做一个同性恋者是不道德的"，他表述的意思是："我（彭斯）不赞同同性恋"——这是一个关于彭斯态度的事实的陈述。

然而，根据情感主义，道德语言不是事实陈述，它不被用来传达任何信息。首先，它被用来作为影响人们行为的方式。如果某人说："你不应该做那个"，他是试图劝说你不要做那件事。他的表达方式更像是命令而不是陈述事实，"你不应该做那个"是"别做那个！"的一种委婉的表达。其次，道德语言被用来表达态度。把佩顿·曼宁称作一个"道德上的好人"和说"加油！佩顿！"是相类似的。而当彭斯说"做一个同性恋者是不道德的"，情感主义者把这种表达解释为类似"同性恋——恶心！"或者"不要做同性恋者"之类的陈述。

之前我们看到了朴素主观主义不能解释道德分歧。情感主义能吗？根据情感主义，分歧有不同的形式。比较下面两种人们可能发生分歧的方式：

- 我认为李·哈维·奥斯瓦德暗杀约翰·肯尼迪的行动是独自行动，而你认为这是一个阴谋的一部分。这是关于事实的分歧——我认为是真的的事情，你认为它是假的。

- 我支持亚特兰大勇敢者队赢，而你希望他们输。我们的信念没有冲突，但是我们的愿望是冲突的——我希望某事发生，而你希望它不发生。

在第一种情况中，我们相信不同的事情，两者不可能都是真的。史蒂文森称之为信念上的分歧。在第二种情况中，我们想要得到不同的结果，但两者不可能同时发生。史蒂文森称之为态度上的分歧。我们即使在信念上没有任何不同，但在态度上仍旧可能是不同的。例如，你和我可能都对亚特兰大勇敢者队有相同的信念：我们都认为，勇敢者队的队员酬劳太多；我们都认为，因为我来自南部所以我支持勇敢者队；而且我们都认为，亚特兰大不是一个棒球重镇。而虽然有所有共同的基础——虽然有所有这些信念上的一致，但我们在态度上仍然可以有分歧。我希望勇敢者队赢，而你希望他们输。

在史蒂文森看来，道德分歧只是态度上的分歧。马特·福尔曼与麦克·彭斯在有关同性恋的事实上可以有（或没有）相互冲突的信念，然而，很明显，他们在态度上是存在分歧的。例如，福尔曼希望在美国同性婚姻合法，而彭斯不赞同同性婚姻合法。对情感主义而言，道德冲突是真实存在的。

情感主义是正确的吗？它有优点，它辨识出了道德语言的主要作用。当然，道德语言是用来劝说和表达我们态度的。然而，在拒绝道德语言是事实陈述时，情感主义似乎也拒绝了显而易见的事实。例如，当我说"长期单独监禁是一种残酷的刑罚"时，我的确不赞同这样的刑罚，而且我试图劝说别人反对它也是事实。然而，我也正在试图说出一些事实，我正在做一个陈述，我相信它是正确的陈述。像大多数人一样，我不会把我的道德确信只看作"是一个纯粹的意见"，和偏执狂、霸凌者、傻瓜的信念一样没道理。我以这种方式看待事物，无论它正确还是错误，与我在使用"应该""善"和"恶"这样的词时的意思相关。

　　错论。伦理主观主义的最后版本承认人们在谈论伦理学时是在试图说一些事实。这就是约翰·L. 麦凯（1917—1981）的错论。麦凯是一个主观主义者，他认为伦理学中没有"事实"，并且没有人是"对的"或者"错的"。然而，他也看到，人们相信他们是对的，所以我们应该把他们解释为试图在陈述客观事实。这样，错论不说彭斯和福尔曼只是在陈述他们的态度（朴素主观主义），或者表达他们的情感（情感主义），错论认为彭斯和福尔曼陷入了错误，他们每个人都对价值做出了肯定性的论断，论断道德真理在他们那一边——即使不存在这样的真理。麦凯认为，道德争论充满了错误。

对价值的否定

　　道德理论首先是关于价值的理论，而不是关于语言的理论。因此，我们对伦理主观主义的讨论似乎脱离了正轨。伦理主观主义的核心是一种被称为虚无主义的价值理论。虚无主义认为价值不是真实存在的。人们可能有各种各样的道德信念，但真的不存在善与恶，或者对与错。之前我们把虚无主义应用于堕胎和同性关系的问题上，根据虚无主义，在这些争论中，没有哪一方是正确的，因为"正确"根本就不存在。

如果我们只考虑有争议和困难的道德问题，虚无主义似乎是有道理的，毕竟，我们自己都不确定在这些问题上我们究竟该怎么看，也许我们的不确定正是因为没有正确答案？然而，当把虚无主义和伦理主观主义应用于其他一些简单的问题上时，它们似乎就没那么有道理了。举一个新的例子。纳粹基于人们的种族背景杀害了数百万人，这是一个事实，但是，根据虚无主义，"纳粹的行为是错的"却不是一个事实。相反，虚无主义会说不同的人会有不同的观念，没有人是对的。你可以相信一件事，但阿道夫·希特勒相信另一件事，而希特勒的观点和你的观点一样好。

由此看来，虚无主义似乎很荒谬，特别是很难相信竟然有人会相信它，或者甚至一直相信它。毕竟，每个人除了有"主观的情感"，也有道德信念。甚至种族主义者也会认为，杀了他们或者灭绝他们的种族是错的，然而那些判断也与主观主义相冲突。

虚无主义可以与另一种理论相比较，这种理论与伦理学无关。根据这种理论，宇宙只有五分钟的生命，这种理论否认了过去的存在，或者至少过去只能回溯不超过五分钟。

虽然这一理论很荒谬，但很难反驳。如果你描述你回忆起昨天发生的事情，试图以此来反驳它，对此的回应将会是，你对那些事情的记忆是在五分钟之前宇宙刚好形成时被植入你的大脑的。或者如果你指出一本书的版权日期是 1740 年，回答会是，这本书——连同它那会误导别人的版权页——刚好是五分钟之前出版的。

这样的观点很难反驳，但没有人会尝试去相信它。关于虚无主义和伦理主观主义也是如此，这些理论都否认对与错的存在。

比如，他们都否认无缘无故地故意给一个人类婴儿造成非常严重的痛苦是错的。一个虚无主义者会直接说，在这个问题上，虐待婴儿的人有他自己的信念，而你和我有我们的信念。这样的立场很难反驳，但也许反驳是不必要的。

伦理学与科学

如果伦理主观主义如此难以置信，为什么会有那么多人被它所吸引？也许有些人没有非常详细地考虑清楚它的影响。然而，它的吸引力存在着更深层次的理由。很多有思想的人认为如果他们想对科学保持适度的尊重，他们就必须对价值持怀疑态度。

根据一种思路，在 21 世纪，相信"客观价值"，就像相信鬼魂、女巫或神秘主义者。如果存在这类东西，那么为什么科学没有发现它们呢？早在 18 世纪，大卫·休谟就认为，如果我们考察恶的行为，"比如，故意杀人"，我们将不会找到与邪恶相对应的"真实性存在"，宇宙中不包含这样邪恶的东西，我们对它的信念只来自我们的主观反应。正如麦凯所指出的，价值不是"世界结构"的一部分。

我们应该怎么理解这种观点？必须承认，价值不是像行星或者勺子等一样的有形的东西，科学家们不会像发现一种新型粒子一样"发现"邪恶，但这并不意味着伦理学没有客观基础。一个常见的错误是假设只有两种可能性。

- 就像存在行星和勺子一样存在道德价值。
- 我们的价值观只不过是我们的主观情感的表达。

这忽略了第三种可能性。人们不只有情感，也有理性，它与情感有着巨大的差异。可能是这样的：

- 道德真理是理性的问题，如果一个道德判断比其他选择基于更充分的理由，它就是对的。

根据这一观点，道德真理是客观的，与我们的愿望和信念无关。如果反对给婴儿造成痛苦有更充分的理由，而相反的观点没有充分的理由，那么造成这样的痛苦是错的——它就"不只是观点"——它在客观上是对的。

另一种思路把科学视为客观性的典型。当我们把伦理学与科学相比较时，伦理学似乎缺乏客观性。例如，科学中是有证明的，但伦理学中没有证明。我们能证明世界是圆的，能证明恐龙生活的年代在人类出现之前，也能证明物体是由原子构成的，但是我们不能证明堕胎是可接受的还是不可接受的。

道德判断不能证明的观点听起来很有吸引力。然而，正如我们先前已经描述过的，当我们讨论堕胎这样复杂的道德问题时，主观主义的观点似乎是最强有力的。当我们思考这类问题时，很容易相信"证明"是不可能的。然而，科学中也有科学家们争论不休的复杂问题。如果我们关注的全部是这类问题，我们也可能得出结论说，物理学、化学和生物学中没有证明。

我们来考虑一个更简单的问题。一个学生说，有一个测验不公平。很显然，这是一个道德判断——公平是一个道德观念。这个判断能被证明吗？这个学生可能指出，这个测验的内容覆盖了一些非常琐碎的细节，却忽略了老师重点强调的重要内容。这个测验也包含了一些与教材和课堂讨论不相关的问题，而且这个测验的题量太大了，没有学生能在规定的时间内完成。

假设所有这一切都是真的。还可以进一步假设：老师没有提供相应的辩护。实际上，这名老师是一名新老师，没有经验，几乎把所有的事情弄得一团糟。那么，难道这个学生这样都没能证明这个测验是不公平的吗？很容易想到同样情形的其他例子，这些例子会使这一点更为清晰。

● 琼斯是一个坏人：琼斯是一个习惯性的说谎者，他喜欢嘲笑他人，他打牌作弊，他曾经因为 27 美分而与他人发生争执并杀人，等等。

● 史密斯医生是不负责任的：他仅经过肤浅的考虑就做出诊断，他拒绝听其他医生的建议，他在实施精细的外科手术之前饮用廉价的美国啤酒，等等。

● 乔是不道德的二手车商人：他掩盖车子的缺陷，他试图给人们施压让他们支付过高的价格，他在网上发布误导性的广告，等等。

给出理由的过程甚至可以更深入一步。如果我们批评琼斯是一个习惯性的说谎者，我们可以继续解释为什么说谎是不好的。首先，说谎是不好的，因为它会对人们造成伤害。如果我给你一个错误信息，而你相信它，对你而言，事情就会以各种方式变糟。其次，说谎侵蚀了信任。信任另一个人意味着使自己处于弱势和无保护的状态。当我信任你时，我就直接相信你说的话，不加任何警惕，而如果你说谎，就是利用我的信任。最后，对社会的存续而言，要求真诚的规范是必要的。如果我们不能信任别人说的话，交流就会变得不可能。而如果交流是不可能的，社会就将分崩离析。

所以我们有充分的理由支持我们的判断，并且我们能够解释为什么那些理由很重要。如果我们能够做到所有这一切，除此之外还能够表明在另一方面没有类似的案例，那么，人们还想要什么更多的"证明"呢？也许，人们希望伦理学理论也像科学理论那样能够通过实验来证明，然而，在伦理学中，证明一个假设包含着给出理由，分析论证，陈述并且证明原则的合理性，等等。伦理学推理与科学推理不同，但这并不说明它就是有缺陷的。

虽然如此，任何争论过类似堕胎一类问题的人都会知道，试图"证明"自己的观点会有多么大的挫败感。然而，我们一定不要将两个完全不同的事情混淆起来：

（1）证明一个观点是正确的。

（2）劝说某人接受你的证明。

建构一个令人信服的证明是哲学的一部分。然而，哲学家把劝说留给了心理学家、政治学家和产品广告商。从哲学的视角看，即使劝说失败，论证仍旧可以是一个好的证明。毕竟，这个论证之所以失败可能仅仅是因为你的听众太过固执，或者偏见太深，或者没有真正地倾听。

同性关系

下面我们回到对同性恋问题的讨论。如果考虑相关的理由，我们会发现什么？最相关的事实是：同性恋者在追求一种能够使他们幸福的生活。毕竟，性是一种特别强大的冲动，很少有人能够在性需求得不到满足的情况下幸福。然而，我们不应当仅仅聚焦于性。同性恋不仅涉及性，也涉及爱。同性恋者和异性恋者以同样的方式产生迷恋，堕入爱河，而且像异性恋者一样，同性恋者也经常想与他们所爱的人一起生活，待在一起。因此，说同性恋者不应该根据他们的欲望行事，就是希望那些人不幸福。而且我们也不能假装说，可以通过选择成为异性恋者而使同性恋者避免这种孤独与沮丧。一旦到了某个特定的年龄，同性恋者和异性恋者都会明白他们自己到底是同性恋者还是异性恋者，没有人能决定他们会被哪一种性别所吸引。

反对同性恋的论证。 为什么人们会反对同性恋者的权利？一些人认为，同性恋是"危险的变态"。这种指控经常只是暗示，同性恋者特别有可能猥亵儿童。在 20 世纪中晚期，美国发生过几次运动，要求解雇同性恋教师，这些运动通常利用了父母的恐惧。2004

年，在成为国会议员之前，米切尔·巴克曼说，同性恋婚姻"是非常严重的事情，因为我们的孩子是这个团体——同性恋团体的战利品，他们专门针对我们的孩子。"她的这种说法也是在利用这种恐惧，然而，这样一种恐惧是没有任何理由的。它是和"黑人是懒惰的"或者"穆斯林是恐怖主义者"一样的成见。同性恋者并不比异性恋者更容易猥亵儿童。

另一种指责同性恋的论证是说，它是"不自然的"。我们应该怎样理解它呢？为了评估这一论证，我们首先需要知道"不自然的"是什么意思。它至少有三种可能的含义。

首先，"不自然的"可以被视为一个统计学概念。在这个意义上，如果很少有人拥有某种品性，这种品性就是不自然的。因此同性恋是不自然的——因为大多数人不是同性恋者——但左撇子、长得特别高，甚至长得特别漂亮或特别勇敢也是不自然的。显然，这不是批评同性恋的理由。也有很多罕见的品质是好的品质。

其次，"不自然的"可能与事物的目的联系在一起。我们身体的某些部分似乎服务于特定的目的，当它不服务于或者将要不服务于某个特定的目的时，它就出错了。手指不能弯曲抓东西是关节出了问题，肾脏不能排除毒素是患了病。因此，这种观点认为，生殖器的目的是生育：性是为了生小孩。那么由此可以得出，同性恋者的性是不自然的，因为它意味着生殖器不用来生育孩子。

这似乎就是很多人说"同性恋是不自然的"时所表达的意思。然而，如果以此为根据谴责同性恋者的性，那么有几种被广泛接受的异性恋也进行的性行为要受到谴责了：自慰、口交、避孕的性行为，网络性行为和虚拟性行为，孕妇的性行为，以及不孕者的性行为，包括进行了输精管切除术的男性和绝经的女性的性行为，所有这些性行为都不会有怀孕的结果，因此这些性行为都可以被谴责为"不自然的"。然而，我们不必那样，因为整个推理思路都是错误的。这个推理思路依赖于这样的假设：将身体的某些部位用于并非它们的自然目的的任何事情都是错的。我们为什么要这样认为呢？眼睛的"目的"是看，那么用眼睛来抛媚眼，或者表达吃惊，是错的？手指的"目的"可能是抓和戳，那么用手指打个响指以吸引别人注意，是错的吗？我们为什么不能给事物发明新的用途？事物只能以"自然"方式使用，这样的思想是不能坚持的，所以这个论证的第二个版本也失败了。

再次，因为"不自然的"这个词有一种不吉利的意味，它也可能被简单地理解为一个评价术语。也许它意味着"与事物应当的样子相反"。那么说"同性恋是错的，因为它是不自然的"就是在说"同性恋是错的，因为它与它应该的样子相反"——这很像在说"同性恋是错的，因为它是错的"。当然，这种空话没有为谴责同性恋提供任何理由。

因此，没有哪个"不自然的"含义能够产生一个有效的论证。同性恋行为在任何令人不安的意义上都不是不自然的。

最后，让我们来考察一下这个论证：同性恋是错的，因为《圣经》谴责它。例如，《利未记》（18：22）说："不可与男人苟合，像和女人一样；这本是可憎恶的。"假设我们同意《圣经》真的谴责同性恋，我们能从中得出什么结论？我们相信《圣经》上的话，仅仅因为它是《圣经》上说的？

一些释经者说，与其看上去的相反，《圣经》对同性恋并不是真的那么严厉，他们解释了每个相关段落（似乎有九段）应当如何理解。但是这个问题会冒犯一些人。他们相信，质疑《圣经》就是挑战上帝的话。他们认为，这种挑战是人的一种自大行为，人应当感激全能的上帝赐予他们的一切。质疑《圣经》也会让一些人感到不舒服，因为这可能对他们的整个生活方式提出了挑战。然而，与之类似的这些想法并不能阻止我们，哲学就是对生活方式的质疑。当有论证说，同性恋一定是错的，因为《圣经》是这样说的，那么这个论证也一定要像其他论证一样，根据事物自身的是非曲直进行评估。

这个论证的问题是，我们如果看看《圣经》所说的其他事情，就会发现，《圣经》并不是可靠的道德指南。《利未记》谴责同性恋，但它也禁止吃羊脂（7：23），禁止让刚刚生产完的妇女进教堂避难（12：2—5），禁止看叔伯的裸体，看叔伯的裸体就和同性恋一样，被认为是可憎恶的（18：14，26）。更为严重的是，《利未记》也将咒骂自己父母的人（20：9）、通奸的人（20：10）判处死刑。《圣经》还说，如果牧师的女儿"行淫"，她将被活活烧死（21：9）。它还说，我们可以从邻国买奴仆和婢女（25：44）。《出埃及记》中甚至说，可以打奴仆和婢女，只要不把他们打死（21：20—21）。

列举这些的目的并不是嘲弄《圣经》。事实上，《圣经》包含很多真实而明智的内容。但是我们可以从这些例子中得出结论，即《圣经》并不总是对的。并且由于它并不总是对的，因此我们就不能得出结论：同性恋是可憎恶的，因为《圣经》这样说。

婚姻、收养与不被解雇。在美国政治中，保守主义经常宣称同性恋者的权利与"家庭价值观"相矛盾。当麦克·彭斯说传统的婚姻是"美国家庭的黏合剂"时，他在暗示，如果允许同性恋者结婚，美国家庭将会分崩离析。但为什么会这样呢？同性恋者从未试图改变传统家庭。相反，他们一直试图组建他们自己的家庭，他们寻求结婚的权利、收养孩子的权利。

2015 年，美国最高法院规定，同性婚姻是美国宪法保障的权利。因此，现在同性婚姻在所有 50 个州都是合法的。然而，收养权利还没有得到保障。一些州有"宗教自由法"，在个人收养事务中人们相信，如果他们的宗教信仰禁止他们帮助同性恋者成为父母，就允许他们将同性伴侣排除在可收养者之外。

抛开个人信仰不谈，为什么不允许同性伴侣抚养孩子呢？在长达几十年的时间跨度内，美国一项针对女同性恋者家庭的纵向研究跟踪了一组 1986—1992 年出生的由两位母亲抚养长大的孩子。在 17 岁时，这些孩子似乎比那些在传统家庭中成长的同龄孩子做得更出色。有时，十多岁的孩子会在学校里被取笑，这会使他们很艰难。但一般而言，他们比其他十多岁的孩子做得更好，在社会性和学术性方面都是如此，并且很少有行为问题。也请记住，在这项研究中的孩子的 17 岁是在 2003—2009 年。自那时起，非传统家庭变得更加常见，所以在今天的学校里，与之前相比，青少年如果有两个妈妈，他们受到的歧视会相对较少。无论如何，美国儿科学会支持同性伴侣享有完全的收养权。

在工作方面，同性恋者也正在寻求法律保护。在美国，雇员超过 15 人的雇主不能基于性别、种族、肤色、出生地或者宗教解雇任何雇员，这要归功于 1964 年《人权法案》第七条。然而，没有联邦法律禁止基于性取向解雇某些人。而且，不同州的法律也不相同。在 28 个州，因为某人是同性恋者而解雇他是合法的。在那些州，因为某人是异性恋者而解雇他同样也是合法的，但这种情况从未发生过。

别国的法律和美国的社会现实。美国法律已经不再公然歧视同性恋，但很多其他国家的法律依然如此。同性性行为在 72 个国家是非法的，在 8 个地区，同性恋者会被处以死刑。

在美国，作为同性恋者的劣势是社会性的，而不是法律上的，但可能也是非常严重的。到底有多严重取决于你生活的地方，取决于你与谁交往。但是，一般而言，如果你是一个同性恋者，那么你可以预料，你的邻居中有三分之一的人会认为你哪里有问题，而这会是很大的压力。LGBT（女同性恋、男同性恋、双性恋和跨性别者）与其他少数群体——包括犹太人、非裔美国人——相比会有很高的风险被作为仇恨犯罪的目标。这就是 2016 年奥兰多大屠杀之前的情况，在那场大屠杀中，一名枪手在同性恋夜总会杀害了 49人。在那场屠杀的后续处理中，紧急救援人员正在处理可怕的现场，他们能听到死者口袋中传出的刺耳的手机铃声，萦绕不去，他们的朋友和亲人打电话来，询问他们是否安然无恙。

在美国，很多同性恋者选择不出柜——有些人是出于恐惧，有些人是出于羞愧。但试图隐瞒你是谁总是会带来压力。一个常见的悲剧是，当一个一直以来都被教导蔑视同性恋者的年轻人，突然开始意识到他自己就是一个同性恋者。近年来，年轻的 LGBT 群体试图自杀的可能性比他们的同龄人大约高出 6 倍——或者至少在 2015 年是这样的。一个好消息是，社会正在变得越来越宽容，所以同性恋者的生活也正在变得更容易忍受，特别是在那些开始承认同性伴侣有权说"我可以"的州，十多岁的同性恋者的自杀率平均降低了 14％。

资料来源

马特·福尔曼的引文出自 2001 年 6 月 25 日的《纽约时报》。

关于盖洛普民意调查的数据引自盖洛普网站 www. gallup. com。

麦克·彭斯论婚姻，见 the United States of America Congressional Record：Proceedings and Debates of the 109th Congress，Second Session，Vol. 152，Part 11，p. 14，796（与 July 18，2006 有关）。

天主教关于同性恋的观点，见 Catechism of the Catholic Church（Mahwah，NJ：Paulist Press，1994），p. 566。

美国每年实施了超过 50 万例堕胎，例如，根据盖洛普网站，2013 年有超过 664 000 例堕胎。

查尔斯·L. 史蒂文森论信念上的分歧与态度上的分歧，见 Ethics and Language（New Haven，CT：Yale University Press，1944），p. 114。

"世界结构"，见 J. L. Mackie，Ethics：Inventing Right and Wrong（England：Penguin Books，1977），p. 15。

米切尔·巴克曼的话发表于 2004 年 3 月 20 日由 Jan Markell 主持的广播节目 Prophetic Views Behind the News，KKMS 980 - AM。

同性恋者不太可能猥亵儿童，见 Olga Khazan，"Milo Yiannopoulos and

the Myth of the Gay Pedophile，" *The Atlantic*，February 21，2017。

关于同性伴侣收养法的各州信息，请参见 "LGBT Adoption Laws" at lifelongadoptions. com。

关于美国女同性恋者家庭的纵向研究，见 Nanette Gartrell and Henny Bos，"U. S. National Longitudinal Lesbian Family Study：Psychological Adjustment of 17 – Year-Old Adolescents，" *Pediatrics* 126，no. 1（July 2010），pp. 1 – 9。

美国儿科学会的政策声明见 "Promoting the Well-Being of Children Whose Parents Are Gay or Lesbian，" *Pediatrics*，vol. 131，no. 4（April 1，2013），pp. 827 – 830。

在 28 个州，同性恋者可以被解雇，见 "State Maps of Laws & Policies" on the Human Rights Campaign website（hrc. org）。

同性性行为在 72 个国家是非法的，在 8 个国家会被处以死刑（截至 2017 年 5 月），见 International Lesbian，Gay，Bisexual，Trans and Intersex Association：Carroll，A.，*State Sponsored Homophobia* 2017：*A World Survey of Sexual Orientation Laws：Criminalisation，Protection and Recognition*（Geneva：ILGA，May 2017），pp. 8 – 9，37 – 38。

关于 2015 年 LGBT 的自杀企图，见 cdc. org，"Lesbian，Gay，Bisexual，and Transgender Health" / "LGBT Youth，" accessed August 27，2017。

关于仇恨犯罪，见 the FBI's 2015 Hate Crime Statistics（under "Victims"）at ucr. fbi. gov *The New York Times*，June 16，2016。

关于 2015 年后十多岁的同性恋者的自杀企图，见 Julia Raif（accessed August 27，2017），也见 Haeyoun Park and Iaryna Mykhyalyshyn，"L. G. B. T. People Are More Likely to Be Targets of Hate Crimes Than Any Other Minority Group，" man et al.，"Difference-in-Differences Analysis of the Association Between State Same Sex Marriage Policies and Adolescent Suicide Attempts," *JAMA Pediatrics*，vol. 171，no. 4（April 2017），pp. 350 – 356。

关于奥兰多大屠杀的情况，见 Christopher Bucktin，"Orlando Shooting Investigators Haunted by Sound of Mobile Phones as Families Try to Ring Victims," *Mirror*，June 12，2016。

第 4 章　道德是否依赖于宗教

善就在于在任何特定的时刻都按上帝的意愿行事。

　　　　　　——艾米尔·布伦纳:《神圣诫命》(1947)

我敬神,但我不依赖他们。

　　　　　　——宫本武藏,于一乘寺 (约 1608)

宗教与道德之间假设的联系

　　1995 年,亚拉巴马州加兹登的法官罗伊·摩尔被美国公民自由联盟 (American Civil Liberties Union,ACLU) 起诉,起因是他在法庭上陈列《十诫》。美国公民自由联盟说,这一行为侵犯了教会与国家分离的原则，而这一原则是为美国宪法所确保的。然而，选民支持摩尔。2000 年，摩尔成功通过竞选成为亚拉巴马州最高法院首席大法官，宣誓"恢复法律的道德基础"。于是，"十诫法官"成为亚拉巴马州最有权力的法官。

　　然而，摩尔对自己观点的宣传并不顺利。2001 年 7 月 31 日凌晨，他把刻有《十诫》的花岗岩石碑竖立在亚拉巴马州司法大楼内。这块石碑重达 5 000 多磅，每个进入大楼的人都会看到它。摩尔再一次被起诉。民众再一次支持他，有 77% 的美国人认为他有权展示石碑。但法律不允许。因为摩尔不服从移走石碑的命令，亚拉巴马州法官法院解除了他的职务，说他不能将自己置于法律之上。然而，摩尔认为，他是认可上帝凌驾于法律之上的正当地位。

　　2012 年，摩尔再次被选为亚拉巴马州最高法院首席大法官。当美国最高法院裁定同性伴侣有权结婚时，摩尔告诉亚拉巴马州的法官们，他们有忽略这一裁决的"牧师的责任"。因此，2016 年，摩尔再次被免职，他称这是"同性恋和跨性别者的激进团体出于政治动机的阴谋"，2017 年，摩尔差一点成为美国参议员，他赢得了共和党初选，但后来输给了民主党，因为有几位女性声称摩尔曾在她们十几岁时对她们进行了性骚扰。

　　很少有美国人称自己是"无神论者"，但这很可能是因为有些人担忧被视为无信仰者会有社会污名，所以不愿意承认自己是"无神论者"。2017 年，一项研究在判断人们是否有宗教信仰时没有直接问他们是否相信上帝，结果这项研究发现，有 26% 的美国人不信仰上帝。所以，事实上可能有很多无神论者。无论如何，美国是一个宗教国家。污名是指向无神论者的，而不是信仰者。当被直接提问时，大多数美国人会说宗教在他们的生活中"非常重要"，并且有四分之三的人会说他们是基督徒。

在美国，基督教的神职人员经常被视为道德专家：医院会请他们入主伦理委员会，记者经常就某一事件的道德维度采访他们，经常去做礼拜的人也会向他们寻求指导。这些神职人员甚至帮助决定电影的等级是"G""PG""PG-13""R"还是"NC-17"①。神父和牧师经常被当作可以提供合理道德建议的明智的咨询专家。

为什么人们会这样看待神职人员呢？其中的理由不是他们能够证明自己比其他人更善良、更明智——作为一个群体，他们和其他人比起来似乎既不好也不坏。人们认为他们有特殊的道德洞察力是有深层次原因的。通常的想法是，道德与宗教是密不可分的：人们通常相信道德只能在宗教的背景下得到理解。因此，神职人员被认为是道德权威。

不难理解人们为什么会这样想。从非宗教的观点看，这个宇宙似乎是一个冰冷的、无意义的地方，全无价值与目的。伯特兰·罗素写于 1903 年的文章《一个自由人的崇拜》（A Free Man's Worship）表达了对世界的一种观点，即他所谓的"科学的"观点：

> 人是对其将要实现的目的毫无预见的原因的产物；他的起

---

① 美国电影分级制度，根据电影的主题、语言、暴力程度、裸体程度、性爱场面和毒品使用场面等将电影分级，以供家长判断电影是否适合自己的孩子观看，分级与电影内容的好坏无关。"G"，大众级，所有年龄均可观看；"PG"，普通级，建议在父母的陪伴下观看，有些镜头可能让儿童产生不适感；"PG-13"普通级，但不适于 13 岁以下儿童，13 岁以下儿童尤其要有父母陪同观看；"R"，限制级，17 岁以下必须由父母或者监护陪伴才能观看；"NC-17"，17 岁以下观众禁止观看。——译者注

源、他的成长、他的希望和恐惧、他的爱和信念，只是原子偶然排列的结果；没有什么激情、没有什么英雄的事迹，也没有什么强烈的思想与感情能够超越坟墓，保全个体的生命；古往今来所有的劳动，所有的贡献，所有的灵感，所有人类天才最旺盛的聪明才智，在太阳系的大灭亡中都将归于消失，整个人类成就的圣殿都将埋葬在宇宙毁灭的废墟之中——所有这一切，即便不是毫无争议的，也是近乎确定的，以至于任何拒绝承认这些的哲学都无法站得住脚。

然而，从宗教的观点看，情况就完全不同了。犹太教和基督教教育我们，世界是有爱的、全能的上帝为了给我们提供一个家而创造的，我们被以他的形象创造，成为他的孩子。所以，这个世界并不是全无价值与目的的，相反，世界是实现上帝计划的场所。当无神论者的世界没有安放价值的地方时，还有什么比把"道德"看作宗教的一部分更为自然呢？

神命论

犹太教、基督教和伊斯兰教都认为，上帝（真主）告诉我们要遵守某些行为规范，但他并没有把这些规范强加于我们。他把我们作为自由的行为人来创造，我们可以自己选择做什么。但是如果我们按照我们应该的那样去生活，就一定会遵守上帝的律法。这一思想已经被扩展为一种理论，即众所周知的神命论。其基本思想是：上帝决定什么是对的、什么是错的。上帝命令我们做的就是道德要求我们做的，上帝禁止我们做的在道德上就是错误的，所有其他行为在道德上是中性的。

这个理论有很多优点。其中之一是它能立即解决关于伦理学客观性的老问题。伦理学并不只关乎个人情感和社会习俗。一件事情是对是错完全是客观的：如果上帝命令做这件事，它就是对的；如果上帝禁止做这件事，它就是错的。而且神命论还解释了为什么所有人都要为道德问题劳心。为什么不能只关心自己呢？如果不道德就是触犯上帝的命令，答案就很简单了：在最后的审判日，你将被追究责任。

然而，这个理论也有一些严重的问题。当然，无神论者不会接受它，因为他们不相信上帝存在。而且甚至对信仰者来说，它也有令人难以理解的地方。主要的问题是柏拉图早就提出过的，他是古希腊哲学家，他生活的时代比拿撒勒的耶稣早 400 年。柏拉图的作品是以谈话或对话的形式呈现的。在这些谈话或对话中，柏拉图的老师苏格拉底总是主要的说话者。在其中的《尤西弗罗》（*Euthyphro*）中，有一个关于"正当"能否被界定为"诸神的命令"的讨论。苏格拉底是一个怀疑者，他问：行为之正当究竟是因为诸神命令这样做，还是做诸神命令之事是因为它是正当的？这是哲学史上最著名的问题之一。英国哲学家安东尼·弗卢（1923—2010）认为："对一个人哲学天资的较好的测试方式之一就是，看他能否抓住这个问题的力量和要点。"

苏格拉底的问题是，是上帝使道德真理是真的，还是他只是认识到了它们是真的？这两种意见之间有着巨大的差异。我知道阿拉伯联合酋长国的哈利法塔是世界最高建筑，我认识到了这个事实。

然而我没有使它成为真的，是身在迪拜的设计者和建造者使它成为真的。上帝与伦理的关系是类似我与哈利法塔的关系，还是类似哈利法塔的建造者与它的关系？这是一个两难的问题，无论做出什么样的回答都会使自己陷入困境。

首先，我们可以说"行为之正当是因为上帝命令这样做"。例如，根据《出埃及记》（20：16），上帝命令我们说真话。因此，我们应当说真话，仅仅因为上帝要求这样。是上帝的命令使诚实变得正当，就像摩天大楼的建造者，是他们使之成为高楼。这就是神命论的理论，也是莎士比亚笔下的人物哈姆雷特的理论。哈姆雷特说，本没有什么善恶，是人的思想使然。根据神命论，本没有什么善恶，除非上帝的命令使然。

但是，这一思想面临着几个困难。

（1）这种道德概念是神秘的。说上帝"使"诚实正当是什么意思呢？物质的东西被制造出来很容易理解，至少在原则上如此。我们都可能制造一些东西，如果这些东西只是用沙子堆成的城堡或者是花生黄油果酱三明治。但是使诚实正当就不是这样了，它不可能通过在自然环境中把某些东西重新排列组合被制造出来。那么，它是怎么变成正当的呢？没有人知道。

为了弄清这个问题，我们来看一个虐待儿童的悲惨案例。根据这个理论，上帝可以使虐待儿童是正当的——不是通过把打嘴巴变成友好的撮一下脸颊，而是通过命令打嘴巴是正当的。这种说法是人类无法理解的。仅仅说或者命令打嘴巴是正当的，打嘴巴就是正当的，这怎么可能呢？如果这是真的，就非常不可思议了。

（2）这种道德概念使上帝的命令具有任意性。假定父母禁止十几岁的孩子做某事，孩子问为什么时，父母回答："因为我这样说！"在这样的情况下，父母是武断地将自己的意志强加在孩子身上的。然而，神命论就是将上帝看作这样的父母，他不给自己的命令提供理由，只是说"因为我这样说！"上帝的命令也是武断的，因为他也总是会发布相反的命令。例如，假定上帝命令我们诚实，根据神命论，他命令我们说谎也很容易，然后说谎而不是诚实就是正当的了。毕竟，在上帝发布命令之前，没有赞成或反对说谎的理由存在——上帝是唯一创造理由的人。所以从道德的角度看，上帝的命令是武断的，他可以命令任何事。从宗教的角度看，这样的结论似乎不仅是不可接受的，而且是不虔敬的。

（3）这种道德概念给道德原则提供了错误的理由。虐待儿童在很多方面是不对的：它是恶意的，它把不必要的痛苦施加于人，它会对儿童产生长期的有害的心理影响，等等。然而，神命论却不关心这些理由中的任何一个，它认为虐待儿童的恶意、所产生的痛苦、对孩子的长期心理影响与道德没有相关性，它最终所关心的只是虐待儿童是否违背了上帝的命令。

有两种方法可以证明这是错的。首先，请注意这一理论的含义：如果上帝不存在，虐待儿童就不会是错的。毕竟，如果上帝不存在，那么上帝就不可能使虐待儿童是错的。但是虐待儿童仍然是恶意的，所以它还是错的。因此，神命论失败了。其次，请记住，即使你是一个虔诚的人，也可能真诚地怀疑上帝的命令。毕竟，各种宗教文本彼此不同，有时甚至同一个文本前后也不一致。所以人们就可能怀疑，上帝的意志究竟是什么。然而，人们不必怀疑虐待儿童是错的。上帝命令了什么是一回事，打孩子是错的是另一回事。

有一个避免这些麻烦的方法。我们可以选择苏格拉底的第二个答案。我们不说正当行为之正当是因为上帝的命令。我们可以说，上帝命令我们做某事，因为它是正当的。上帝有无限的智慧，认识到诚实比欺骗好，就像他在创世时认识到他看到的光是好的，他出于这个原因而命令我们要诚实。

如果我们做了这样的选择，就可以避免第一种选择的麻烦。我们不必操心上帝是怎么使说谎成为错误的，因为他不能。上帝的命令不是任意的，是他明智地思考什么才是最好的这一问题时所得到的结果，此外，我们也不必因为我们错误地解释了道德原则而有负担，相反，我们可以自由地诉诸任何看起来适当的合理理由。

不幸的是，第二种选择也有一个不同的缺点。在我们做这种选择时，我们放弃了正当与错误的神学概念。当我们说上帝命令我们诚实，因为诚实是正当的，我们就相当于承认了正当与错误的标准与上帝的意志无关。正当性先于上帝的命令，并且它是上帝发出命令的理由。因此，如果我们想知道我们为什么应当真诚，回答"因为上帝命令这样做"就等于什么都没有说。我们仍然可以继续追问"为什么上帝命令这样做"，而对这个问题的回答将提供终极理由。

很多宗教人士相信，他们必须接受神学概念的正当与否，因为如果不这样就是亵渎神明。他们感到，不管怎样，如果他们信仰上帝，就要以上帝的意愿为根据来理解正当与否。然而我们的论证表明，神命论不仅是站不住脚的，而且也是不虔敬的。事实上，一些最伟大的神学家也正是出于这个理由而拒绝了神命论。

自然法理论

在基督教思想史上，主要的伦理理论并不是神命论，获得这一殊荣的是自然法理论。这一理论由三个主要部分组成。

（1）自然法理论基于某种特殊的世界观。根据这种观点，世界有一个理性的秩序，有价值和目的正是它的本性。这个观念产生于古希腊，它理解世界的方式主导了西方思想逾 1 700 年。希腊人相信每一个事物在本质上都有一个目的。

亚里士多德（公元前 384—前 322）将这一观念纳入他的思想体系。他说，为了理解事物，必须问四个问题：它是什么？它是由什么制造的？它是如何产生的？它有何目的？回答可以是：这是一把小刀，它是由金属制造的，它是由匠人制作出来的，它是用来切东西的。亚里士多德假定第四个问题——它有何目的——可以针对任何东西来提问。"自然，"他说，"属于原因的类别，它出于某种原因而运行。"

显然，小刀有其目的，因为匠人在制作它的时候心中就有一个目的。但是，那些不是我们制造出来的自然物体呢？亚里士多德认为它们也有目的。他所举的例子之一是我们长出牙齿以便我们咀嚼。这样的生理学例子是很有说服力的，直觉上，我们身体的每一部分似乎都有其自身的特殊目的——我们的眼睛为了看，耳朵为了听，皮肤为了保护我们，等等。但是，亚里士多德的论断不限于有机物。根据他的观点，每一个事物都有它的目的。举一个不同种类的例子，他认为下雨使植物能够生长。他还考虑了其他可能性，例如，下雨是"必然的"，而帮助植物生长是"偶然的"，但他认为这不太可能。

亚里士多德认为，这个世界是一个有序的、理性的系统，这个世界上的每一样东西都有适合它自己的位置，有它自己的特殊目的。这里存在精妙的等级制：雨存在是为了植物，植物存在是为了动物，动物存在——当然——是为了人。亚里士多德说："如果我们认为自然没有目的就没有创造任何东西，无物无目的，如果这是对的，那么就一定是，自然特别为人创造了所有这一切。"这种世界观是惊人的人类中心论，或者说是以人类为中心的观点。但在坚持这样观点上，亚里士多德并不孤独。几乎历史上每一位重要的思想家都曾经提出过这样的论题。人类是一个相当自负的物种。

后来的基督教思想家发现了这种世界观的吸引力，唯一缺少的就是上帝。于是，基督教思想家说，下雨有助于植物生长，因为这是上帝的意图，而动物为人所用也是因为上帝使它们如此。因此，价值和目的被看作上帝计划的一部分。

（2）这种思考方式的必然结果就是，"自然的法则"不仅描述了事物是怎样的，而且描述了事物应当是怎样的。当事物服务于它的自然目的时，世界就是和谐的。如果它们没有或不能服务于它们的目的，它们就出错了。眼睛如果不能看，就是有缺陷的。干旱是自然的恶。这两种恶都可以援引自然法则来解释，而且其中也有指导人类行为的意义，因此道德规范被视为产生于自然法则。一些行为方式被称为"自然的"，而另一些被称为"不自然的"，"不自然的"行为就是指道德上不正当的行为。

例如，考虑一下慈善的义务。道德要求我们关心邻居。为什么呢？根据自然法理论，只要我们是人，慈善对我们来说就是自然的。我们在本性上是社会性的，我们需要其他人的陪伴。有些人一点儿都不关心其他人——他们真的不关心，完全彻底地不关心他人，这些人被视为精神失常。现代心理学认为这样的人患了反社会型人格障碍，这样的人通常被称为心理病态患者或反社会的人。一个冷酷无情的人是有缺陷的，就像眼睛不能看是有缺陷的一样。而且还可以加上一点，之所以这是真的，是因为我们是上帝创造的，作为他全部计划的一部分，我们有着特殊的"人"性。

赞同慈善相对来说没有什么争议。然而，自然法理论也被用于支持其他争议更多的道德观点。宗教思想家经常谴责"不正常的"性实践，他们通常诉诸自然法理论以证明自己的观点。如果每一个事物都有它的目的，那么性的目的是什么？答案显然是生育。性行为如果与生小孩毫无关系，就会被视为"不自然的"。这样的实践，比如手淫和同性恋者的性，就因此而受到谴责。这种关于性的观点至少可以追溯到圣奥古斯丁（354—430），后来在圣托马斯·阿奎那的著作中得到阐述。天主教的道德神学建基于自然法理论。

（3）这一理论的第三部分涉及道德知识。我们如何分辨对与错？根据神命论，我们一定要听从上帝的命令。然而，根据自然法理论，道德的"自然法"正是理性的律法，所以，正确的东西一定是有最充分的证据支持的。根据这一观点，我们能判断出什么是对的，因为上帝给了我们理性的能力。而且，上帝赐给每个人这种能力，将信仰者和非信仰者置于同一地位。

对自然法理论的反对意见。 在天主教之外，自然法理论在今天已经很少有支持者了。它被普遍拒绝有三个原因。

首先，"自然的就是善的"这一思想似乎因显而易见的反例而尚需讨论。有时自然的是坏的。人们关心自己自然地比关心陌生人要多，但这是令人遗憾的。疾病自然地发生，但疾病是坏的。孩子们自然地以自我为中心，但父母不认为这是一件好事情。

其次，自然法理论似乎混淆了"是"与"应当"。18 世纪，大卫·休谟指出，"什么是事实"和"什么应该是事实"是逻辑上不同的两个概念，从一个之中无法推出关于另一个的结论。我们可以说人们很自然地倾向于慈善，但从中并不能推出他们应当慈善。与此相类似，性的结果是能够生孩子，这是事实，但不能从中推论出，性应该或不应该只服务于这个目的。事实是一回事，价值是另一回事。

最后，自然法理论因为其世界观与现代科学相冲突而遭到广泛拒绝。伽利略、牛顿、达尔文所描述的世界，不需要关于正当或不正当的"事实"。他们对自然现象的解释不参考价值或目的。发生了就是发生了，归因于因果律。如果雨惠及植物，这是因为根据自然选择的法则，植物逐渐进化到了适合下雨的天气。

因此，现代科学向我们描绘了作为事实王国的世界，在那里，唯一的"自然法则"是物理、化学和生物学的法则，它盲目地、没有任何目的地发挥着作用。无论价值是什么，它们都不是自然秩序的一部分。至于"自然为了人的特殊目的创造所有的一切"的观点只是人类的自大。如果一个人接受现代科学的世界观，就会怀疑自然法理论。这个理论不是现代思想的产物，而是中世纪思想的产物。

宗教与特殊道德问题

一些宗教人士觉得上述讨论令人非常不愉快。它太抽象了，与他们实际的道德生活没有任何关系。对他们来说，道德与宗教的联系是当下的实践问题，以特定的道德问题为中心议题。它不涉及是不是依据上帝的意志来理解正当与否，也不涉及道德法是不是自然法。重要的是一个人的宗教在道德上对他的教益。《圣经》文本和教会领袖被视为权威，如果一个人是真诚的忠实信众，他就一定会接受他们的教导。例如，很多基督徒认为，他们必须反对堕胎，这是因为教会和（他们以为的）《圣经》文本都反对堕胎。

那么在一些重要的道德问题上，是否有信仰者必须接受的区别于非信仰者的宗教立场呢？讲道时的说辞认为是这样的。但是，我们有充分的理由认为并非如此。

首先，特殊的道德问题很难在《圣经》文本中找到答案。我们面临的问题不同于我们的先人两千多年前所面对的问题，因此，《圣经》文本可能对这些给我们造成很大压力的道德问题保持沉默。《圣经》中确实有很多一般告诫，比如"爱邻如己""己所欲施于人"，这些确实是很好的原则，在我们的生活中确有实践应用，然而在关于工人的权利、种族灭绝、医疗研究的基金等问题上，这些告诫意味着什么就不是很清晰。

另一个问题是，在很多情况下，《圣经》文本和教会传统是模棱两可的。有关专家不赞同将信仰者置于必须选择接受哪一种传统的尴尬境地。例如，《新约》谴责致富，并且克己和仁慈的悠久传统强化了这种教诲。但是《旧约》中也有一个不起眼的叫雅比斯的人，他要求上帝"扩张我的疆界"[《历代志上》（4：10）]，并且上帝这样做了。最近有一本书倡议基督徒把雅比斯作为楷模，以成为最好的销售人员。

由此看来，当人们说他们的道德观点来自他们的宗教信仰时，他们通常是误解了。真实的情况是这样的：他们在道德问题上做出决定，然后再去寻求《圣经》文本和教会传统的解释，以便使他们已经得出的结论得到支持。当然，他们不是在每一件事情上都是如此，但可以说是经常如此。致富的问题是一个例子，堕胎是另一个。

关于堕胎的讨论，所涉及的宗教问题一直是讨论的热点。宗教保守主义者认为胎儿从母亲怀孕的那一刻起就是一个人，所以堕胎就是谋杀。他们认为胎儿不仅是潜在的生命，而且是一个实际的人，拥有充分的生存权利。当然，自由主义者否认这一点——他们说，至少在母亲怀孕的最初期，胚胎还不是像宗教保守主义者所说的那样是一个实际的人。

关于堕胎问题的讨论太复杂了，但我们关心的只是它是如何与宗教联系起来的。保守主义基督徒有时说，胎儿的生命是神圣的。这是基督教的观点吗？基督教就一定谴责堕胎吗？为了回答这些问题，我们可以对《圣经》文本或者教会传统进行考察。

《圣经》文本。很难从犹太教和基督教的《圣经》文本中找到关于禁止堕胎的内容。《圣经》文本从未明文谴责堕胎。然而，某些段落经常被保守主义者引用，这是因为它们似乎暗示了胎儿有完全的人的身份。最常被引用的语句出自《耶利米书》第 1 节，其中耶利米引用上帝的话说："我未将你造在腹中，我已晓得你；你未出母胎，我已分别你为圣。"人们引用这句话，似乎这句话表明上帝赞成保守主义者的观点：杀死未出生的人是错的，因为对上帝来说，未出生也已被"分别为圣"。

然而在上下文中，这句话很明显有不同的意思。让我们来看看整个段落：

> 耶和华的话临到我说："我未将你造在腹中，我已晓得你；你未出母胎，我已分别你为圣；我已派你作列国的先知。"我就说："主耶和华啊，我不知怎样说，因为我是年幼的。"耶和华对我说："你不要说'我是年幼的'，因为我差遣你到谁那里去，你都要去；我吩咐你说什么话，你都要说。你不要惧怕他们，因为我与你同在，要拯救你。"

这个段落与堕胎毫不相关，是耶利米在确认他作为先知的权威。他说的是："上帝赋予我权威，让我做他的代言人，甚至我已经表示拒绝了，但他仍然命令我这样说。"但是耶利米更富于诗意地表达了这一点，他说，甚至在他出生以前上帝就已经让他成为先知。

这一模式很常见，有人在宣扬某种道德观点时，引用几句《圣经》中的话，断章取义，然后把这些话解释为支持他们的观点，而当把这些话置于上下文来理解时就会发现那些话说的完全是其他的事。当这样的事情发生的时候，说这个人"遵从《圣经》的教诲"
准确，还是说他是在《圣经》文本中寻找对他自己所信奉的道德观
点的支持，并以此来解释《圣经》更准确？如果是后者，就意味着
这个人非常自大——假定上帝必定和自己秉持一样的道德观点！

　　《圣经》中有另外三个段落支持自由堕胎的观点。近期有性生
活的女性有可能怀孕，然而，《圣经》三次建议将有婚外性生活的
女性处以死刑，却没有建议行刑者等到能够确定这个妇女没有怀
孕。[《创世记》（38：24），《列王记》（21：9），《申命记》（22：
20—21）]，这意味着胎儿的死亡不重要——胎儿没有生命的权利。

　　教会传统。今天，天主教会强烈地反对堕胎。很多新教的教会
也是如此，堕胎在布道坛上被公开谴责。因此，无论《圣经》是怎
样被解释的，很多虔诚的人都认为，"出于宗教的原因"，他们必须
谴责堕胎。那么，教会反对堕胎的主张背后的依据是什么呢？

　　在某种程度上，梵蒂冈反对堕胎的原因和它谴责采用避孕套、
避孕药以及其他形式的避孕的原因是相同的：所有这些行为都阻碍
了自然的过程。根据自然法理论，性注定了要使健康的生命诞生。
采用避孕套和避孕药是通过阻止怀孕从而阻止这一过程的发生，而
堕胎是通过杀死胎儿来阻止。因此，依据传统的天主教观点，堕胎
是错的，因为它破坏了自然过程。然而，这种类型的论证不能证明
基督教"必须"反对堕胎。这个论证依赖自然法理论，并且正如我
们所看到的，自然法理论早于现代科学。今天的基督徒不必拒绝现
代科学——甚至天主教也于 1950 年放弃了反对达尔文进化论的立
场。因此，基督教不必基于自然法的考虑而反对堕胎。

无论如何，说堕胎破坏了自然过程，并没有说明胎儿的道德地位。罗马教皇不只认为堕胎就像使用避孕套那样是不道德的，而且认为堕胎就是谋杀。这个观点是怎么在天主教内部成为主导观点的呢？是不是教会的领导者一直都认为胎儿享有特殊的道德权利呢？

直到大约公元 1200 年，就绝大部分的教会历史而言，相关的知识并不为人所熟知。在那之前，大学并不存在，教会也不是特别睿智。人们会因为各种各样的理由相信各种各样的事。但在 13 世纪，圣托马斯·阿奎那建构了后来成为天主教思想基础的哲学体系。阿奎那认为，关键的问题是胎儿是否有灵魂：如果是，堕胎就是谋杀；如果不是，堕胎就不是谋杀。那么，胎儿有没有灵魂？阿奎那接受了亚里士多德的观点：灵魂是一个人的"实体形式"。我们不必去探讨其中的精确内涵，重要的是，只有当一个人的身体能被辨别出具有人的形状时，他才获得了"实体形式"。现在的关键问题是，人什么时候开始看起来像人？

当一个婴儿诞生，任何人都能看到他已经具有了人形。然而在阿奎那的时代，没人知道胎儿是从什么时候开始看起来像人的——毕竟，胎儿是在母亲的子宫里成长发育的，肉眼是看不到的。亚里士多德认为，男性是在母亲受孕 40 天后有了灵魂，女性是在 90 天后有了灵魂，但他并没有充分的理由支持其观点。可以推测，很多基督教徒接受了他的观点。（阿奎那自己非常尊敬亚里士多德，他总是称他为"伟大的哲学家"。）无论如何，在接下来的几个世纪里，最重要的天主教思想家强烈反对在怀孕的任何阶段堕胎，因为胎儿可能有了人形，所以堕胎可能就是谋杀。

与流行的观点相反，天主教会从来没有正式宣称，胎儿从母亲怀孕的那一刻起就有灵魂。然而在 1600 年前后，一些神学家开始宣称在怀孕几天之后，灵魂就进入了身体，所以即使在怀孕的早期阶段堕胎也是谋杀。对天主教这一思想的标志性转变，没有发生多少争论。也许它似乎并不重要，因为教会已经反对在怀孕的早期堕胎了，无论如何，我们对发生的事知之甚少。

今天我们对胎儿的发育过程有了很多了解。我们通过显微镜和超声波了解到，胎儿在怀孕的几周之后才看起来像人。因此，阿奎那的后继者现在应该说在怀孕最初的一两个月胎儿没有灵魂。然而，天主教内部没有任何采纳这种观点的动向。出于无从得知的原因，天主教会 17 世纪对胎儿的观点采取了保守的态度，而且至今仍旧坚持这一态度。

回顾历史并不是为了说明当代教会的观点是错的，对于我所说的这些问题，教会的观点也可能是对的。关键是：每一代人都应该重新审视传统，以便支持其赞同的道德观点。为了说明这一点，我们讨论过在奴隶制或者妇女地位或者死刑等问题上，教会观点发生转变的例子。在每一个例子中，教会所坚持的道德立场似乎并非真正源自《圣经》，而是在不同的时间以不同的方式强加给《圣经》的。如果我们回顾整个基督教的历史，我们会发现没有理由反对堕胎。

本章的讨论已经得出了几个结论：对或错不是根据上帝的意志来理解的；道德关乎理性和良心，而不是宗教信仰；在任何情况下，在我们所面临的很多道德问题上，宗教都不能给我们提供明确的解决方案。总之，这些结论指向一个更大的结论：道德和宗教是不同的。

当然，宗教信仰能对道德问题产生影响，例如关于永恒生命的学说。如果一些人死后可以上天堂——这样，死亡对他们来说就是一件好事，那么这可能会对杀死他们的道德性产生影响。或者假定我们通过研究古代的预言，相信超自然力不久就会将把世界带入火海，就将减少我们对气候变化的恐惧。道德与宗教的关系是复杂的，但这是两个不同主题之间的关系。

这个结论可能是反宗教的，然而它并不是通过质疑宗教的有效性得出的结论。我们思考的论证并没有假定基督教或其他任何神学体系是假的，它们只是表明：即使这样的体系是真的，道德仍然具有自己的独立性。

资料来源

77％ 的美国人支持法官罗伊·摩尔这一数据来自 2003 年 9 月的盖洛普民意调查。

摩尔关于同性恋和跨性别者的阴谋的话语，见 Campbell Robertson，"Roy Moore，Alabama Chief Justice，Suspended over Gay Marriage Order，" *The New York Times*，September 30，2016。

关于 26％ 的美国人可能是无神论者，见 Will M. Gervais and Maxine B. Najle，"How Many Atheists Are There？" (last edited on March 31，2017) at psyarxiv. com。

关于大多数美国人会说，"宗教在他们的生活中'非常重要'，并且有四分之三的人会说他们是基督徒"，见 2016 年 10 月的盖洛普民意调查。关于神职人员在电影分级中的作用，见纪录片 *This Film Is Not Yet Rated* （2006）。

伯特兰·罗素的引文，见 "A Free Man's Worship"（1903）in *Mysticism and Logic*（Garden City, NY：Doubleday, Anchor Books, n. d.），pp. 45 – 46。

安东尼·弗卢关于哲学天资的评论，见 p. 109 of *God and Philosophy*（New York：Dell, 1966）。

哈姆雷特的准确表述是："那么，对于你们，它什么都不是；因为世上的事情本来没有善恶，都是各人的思想把它们分别出来的；对于我，它是一所牢狱。"［act 2, scene 2, lines 254 –256 of *The Tragedy of Hamlet, Prince of Denmark*, in *The Complete Works of William Shakespeare*（USA：Octopus Books, 1985, p. 844）］

亚里士多德的引文，见 *The Basic Works of Aristotle*, edited by Richard McKeon（New York：Random House, 1941），p. 249（"自然属于原因的类别"：*Physics* 2.8, 198b10 – 11），and The *Politics*, translated by T. A. Sinclair（Harmondsworth, Middlesex：Penguin Books, 1962），p. 40（"如果我们认为"：I. 8, 1256b20）。

圣托马斯·阿奎那的引文，见 *Summa Theologica*，Ⅲ *Quodlibet*, 27, translated by Thomas Gilby in *St. Thomas Aquinas：Philosophical Texts*（New York：Oxford University Press, 1960）。

关于堕胎的假设的段落，见 Jeremiah 1：4 – 8。我引自英文翻译版 *The Holy Bible*（2001）。

关于天主教历史的思想，见 John Connery, SJ, *Abortion：The Development of Roman Catholic Perspective*（Chicago：Loyola University Press, 1977）（教会从来没说过胎儿在怀孕时就有灵魂，p. 308）。感谢 Steve Sverdlik 在这一领域对我的指导。

天主教会在教皇庇护十二世（Pius Ⅻ）于 1950 年发表的通谕（*Humani Generis*）中正式软化了对进化论的立场。

第5章　伦理利己主义

实现个人幸福是人的最高道德目标。

——安·兰德：《自私的德性》（1961）

是否有责任帮助饥饿的人

每年有数百万人死于营养不良导致的健康问题，死者通常是儿童。每天有 15 800 名五岁以下儿童死亡，几乎都是死于可预防的原因。加起来，每年的死亡人数达 590 万。即便这个数字估计过高，无谓的死亡人数也是非常惊人的。

贫穷给我们这些富裕得多的人提出了一个非常尖锐的问题。我们花在自己身上的钱，不仅花在生活必需品上，也花在无数的奢侈品上：珠宝、旅行、智能手机等。在美国，甚至中等收入的人们也在享受着这些。但我们可以放弃奢侈的生活，将钱用在救济饥馑上。我们不这样做的事实意味着：我们将我们的奢侈品看得比饥饿者的生命更重要。

当我们能够救助他们的时候，为什么要让他们饿死？很少有人会认为我们的奢侈品真的有那么重要。如果被直接问到这个问题，我们当中的大多数人会觉得有些尴尬，并且很可能说我们应该提供更多的帮助。我们没有做得更多的一个原因是：我们很少思考这个问题。我们过着自己的舒适生活，与贫困的现实隔绝。饥饿的人在某个遥远的角落，我们眼不见心不烦，避免考虑到他们。当我们真的思考这一问题的时候，它只是一个抽象的统计数字。不幸的是，这样的统计数字没有打动我们的力量。

当"危机"出现时，我们则会做出不同的反应。飓风哈维在四天内给休斯敦带来了 50 英寸①的降雨，数百万人不得不逃离家园，这样的令人恐慌的事情有新闻价值，救援行动也开始了。但是当痛苦分散时，形势就没有那么紧迫了。如果这死亡的 590 万儿童都在一个地方，比如聚集在芝加哥，那么他们很可能都能得到救助。

但撇开我们为什么会这样的问题不谈，我们的责任是什么？我们应该做什么？常识告诉我们，我们应该平衡自己的利益与他人的利益。当然，我们关心自己是可以理解，没有人会因只关心自己的基本需求而受到责备。但同时，其他人的需求也是重要的，当我们

---

① 1 英寸约合 2.54 厘米。——译者注

能够帮助其他人时，特别是只需花费自己很小的成本就可以帮助其他人时，我们就应当这样做。因此如果你有十美元的闲钱，把它用于慈善就能够帮助挽救一个儿童的生命，那么一般人都会认为，你应当这样做。

这种思考方式假定：我们对其他人有道德责任，仅仅是因为我们所做的能够帮助或伤害到他们。如果某一行为有益于（或有害于）其他人，那么这就是我们应当实施（或不应当实施）这一行为的理由。通常的假定是，从道德的角度来看，其他人的利益值得重视。

但是，一个人的常识可能会被另一个人视为幼稚的陈词滥调。事实上，一些人认为，我们对其他人没有责任。根据这种被称为伦理利己主义的观点，每个人都应该排他地仅仅追求自己的利益。这是一种自私的道德，它坚持认为我们唯一的责任是做对自己最有利的事。其他人仅仅在他们对我们有利的情况下才重要。

心理利己主义

在讨论伦理利己主义之前，我们应该先讨论一种经常与之混淆的理论——心理利己主义。伦理利己主义者宣称每个人都应该排他地仅仅追求自己的利益；相反，心理利己主义者确信，人们在事实上排他地只追求自己的利益。因此，这两种理论是非常不同的。说人们是自利的，因此我们的邻人将不会有任何仁爱之举是一回事；而说人们应该自利，所以我们的邻人不应该有仁爱之举完全是另一回事。心理利己主义者做出对人性的断定，亦即对事物存在方式的断定；伦理利己主义者做出对道德的断定，亦即对事物应该的存在方式的断定。

心理利己主义并不是一种伦理学理论，而是一种关于人类心理的理论。但伦理学家对这种理论一直很担心。如果心理利己主义是真的，那么道德哲学自身就没有意义。毕竟，如果人们的行为无论如何都是自私的，谈论什么是人们应当做的还有什么意义呢？无论他们应该做什么，他们都不会那样做。在现实的世界中，把道德理论很当回事儿可能是我们的天真。

利他主义是否可能。 1939 年，当第二次世界大战爆发的时候，拉乌尔·瓦伦贝格是一个不知名的瑞典商人。战争期间，瑞典可是个好地方。作为中立国，那里没有炸弹，没有封锁，也没有敌人入侵。然而，在 1944 年，瓦伦贝格自愿离开那里，去了被纳粹控制的匈牙利。瓦伦贝格的公开身份只是布达佩斯的一位瑞典外交官，而他的真正使命是挽救生命。在匈牙利，希特勒开始实施《犹太人问题的最后解决》：犹太人被围捕、驱逐，然后在纳粹集中营被杀戮。瓦伦贝格想阻止屠杀。

瓦伦贝格确实帮助劝阻了匈牙利政府，使他们停止驱逐犹太人，然而不久后匈牙利政权就被纳粹傀儡所攫取，大规模的屠杀又开始了。随后，瓦伦贝格为数千名犹太人签发瑞典保护护照，坚称他们全部与瑞典有关联，并且处于瑞典政府的保护之下。他帮助很多犹太人找到藏身之地。当他们被发现的时候，瓦伦贝格站在他们和纳粹分子之间，告诉德国纳粹分子，要杀这些犹太人，他们得先杀了他。他救了数千人。战争即将结束的时候，一片混乱，在其他外交官都逃走之后，瓦伦贝格留了下来。随后他失踪了，并且很长一段时间没有人知道他的下落。现在我们认为，他已经被杀害了，不是被德国纳粹分子，而是被苏联人杀害了。苏联人占领匈牙利之后把他投入了监狱。瓦伦贝格的遗体一直没有被找到，直到 2016 年瑞典政府才正式宣布了他的死亡。

瓦伦贝格的故事非常富于戏剧性，但并不是个例。据以色列政府确认，有超过 22 000 名非犹太人冒着生命危险试图帮助犹太人躲过大屠杀。以色列人称这些英雄的个体为"民族间的正义之士"。虽然我们很少挽救别人的生命，但利他的行为很常见。人们会帮助其他人。他们献血，为无家可归者开设庇护所，在医院做志愿者，为盲人读书。很多人给有价值的事业捐款。在有些情况下，有的人的捐助数额是非常巨大的。沃伦·巴菲特是一位美国商人，他给比尔和梅琳达·盖茨基金会捐献了 370 亿美元，以推进全球的医疗和教育。泽尔·克拉文斯基，一位美国房地产投资人，捐献了他全部的 4 500 万美元财产用于慈善事业。后来，经过认真考虑，克拉文斯基还把自己的一个肾捐献给了一个他根本不认识的人。奥塞拉·麦卡蒂，密西西比州哈蒂斯堡的一名 87 岁的非裔美国人，向南密西西比大学捐了 15 万美元作为奖学金的基金。75 年来，她一直做保姆攒钱，她从未有过一辆汽车，在 87 岁的年纪还推着购物车，步行一英里①多到最近的零售店购物。

这些都是不同寻常的行为。但是，应当以其表面价值来看待这

---

① 1 英里约合 1.6 千米。——译者注

些行为吗？根据心理利己主义，我们可以认为自己是高尚的和自我牺牲的，但我们实际上不是这样的。实际上，我们只关心自己。这个理论可能是真的吗？为什么有人面对如此多的反面证据却仍然相信它？有两个论证经常被用来支持心理利己主义。

论证一：我们总是做我们最想做的。戴尔·卡内基这样写道："你自出生以来所做的每一个行为，都是因为你想得到某样东西而做的。"他的《如何赢得朋友及影响他人》（1936）是第一部也是最好的一部自助类图书。卡内基认为欲望是人类心理的关键。如果他是对的，那么当我们把一个人的行为描述为利他的，把另一个人的行为描述为自利的，我们就忽略了这样的事实——在这两种情况下，他们每个人都只是做他最想做的。例如，如果拉乌尔·瓦伦贝格选择去匈牙利，那是因为与留在瑞典相比，他更想去匈牙利——他只是做他想做的事，为什么要赞誉他的这种行为是利他的呢？他的行为出自他的欲望、他对自己想要什么的感觉。因此，他的行为就是为他的自利所推动的。由于同样的情况适用于所有所谓的好心行为，我们就得出结论：心理利己主义一定是真的。

然而，这个论证是有缺陷的。我们做的有些事情，不是因为我们想做，而是因为我们觉得我们应该做。比如，我会给我的祖母写一封信，因为我向我母亲保证我会这么做，即使我并不想写这封信。有人认为，我们这样做，是因为我们很想信守自己的诺言。但这不是真的。说我最强烈的愿望是信守诺言，显然是假的。我最想做的是违背诺言，但是我不能，因为这事关良心。我们都知道，瓦伦贝格当时就处于这样的情况，也许他想留在瑞典，但是他感到他不得不去布达佩斯拯救生命。无论怎样，事实是，他选择这样做并不意味着他最想这样做。

这个论证还有另一个缺陷。假设我们承认，我们总是根据自己最强烈的愿望行事。即使是这样，也不能得出瓦伦贝格的行为是出于自利。如果他想帮助其他人，甚至不惜冒着巨大危险，这一点清楚地表明他的行为是利他的。事实恰恰是，你根据自己的意愿行动，并不意味着你关心自己，它取决于你的意愿是什么。如果你只关心自己的利益，并且对其他的一切毫不关心，那么你的行为就是出于自利。但是如果你想让其他人幸福，并且你根据这个意愿行动，那么你的行为就不是自利。也可以用另一种方式提出这一点：评价一种行为是不是自利，问题并不在于这一行为是否基于自己的意愿，而在于这种行为基于什么类型的意愿。如果你想的是帮助他人之类的，那么你的动机就是利他的，而不是自利的。

因此这个论证在各个方面都是错的：前提不是真的——我们并不总是做我们最想做的事。而且即使前提是真的，也无法从中推出这样的结论。

论证二：我们做使我们感觉好的事。心理利己主义的第二个论证诉诸这样的事实：所谓的利他行为使做出这些行为的人产生了一种自我满足的感觉。行为"不自私"使人们对自己感觉很好，这是真正的关键所在。

根据 19 世纪的报纸，这个论证是亚伯拉罕·林肯提出来的。伊利诺伊州斯普林菲尔德的《箴言报》报道：

> 林肯先生曾经在一辆旧式马车上对与他同行的人说，所有

的人都被自私驱使去做好事。与他同车的人反对这种观点，当时他们正行驶在横跨沼泽地的木桥上。这时，他们看见一只脊背高耸的老母猪在岸边发出恐惧的叫声，因为它的小猪陷进沼泽里了，处境危险。当这辆马车开始往山上赶时，林肯先生喊道："伙计，能不能停下来一会儿？"然后林肯先生跳了下来，跑回去，把小猪从沼泽中救了出来，放到岸边。他回来后，同伴说："亚伯，刚才那件事，你有自私的想法吗？""天哪！爱德，上帝保佑你，这正是自私的本质啊！如果我走了，让那只痛苦的母猪担心它的那些小猪，我的心一整天都会不得安宁。你难道不明白，我做这件事是为了内心得到安宁吗？"

在这个故事中，诚实的林肯先生使用了心理利己主义一贯的策略：重新解释动机策略。每个人都知道：有时人的行为似乎是利他的，但是如果我们看得更深一些，可能就会发现一些其他的东西，并且总是不难发现，"无私的"行为竟然与行为人的利益有关。因此，林肯说他救助小猪能使他的内心得到安宁。

也可以据此重新解释其他被称为利他主义的例子。据拉乌尔·瓦伦贝格的朋友说，在去匈牙利之前，瓦伦贝格非常压抑，也不快乐，他感到生命似乎没有什么价值，所以他承担了使他成为英雄的使命。他对更有意义的生命的追求取得了惊人的成功——我们在这里，在他死后 60 多年，仍在谈论他。特雷莎修女，一位在加尔各答为穷人奉献了一生的护士，人们经常拿她作为利他主义的经典例子——但是，当然，她相信她将在天堂得到丰厚的回报。至于泽尔·克拉文斯基，他把他的财产和肾都捐出来了，因为他的父母从没怎么夸奖过他，所以他总是想做一些甚至连他们也会称赞的事。克拉文斯基说，当他开始把自己的钱捐出来的时候，他认为这些捐献是"对我自己的款待，我真的认为这是一件让我快乐的事情"。

虽然如此，林肯的论证还是有很大缺陷的。确实，林肯救助那些小猪的动机之一，是让自己获得内心的安宁。但是林肯这个自利的动机并不意味着他没有慈善的动机。事实上，林肯救助小猪的意愿可能比他保持内心安宁的意愿更强烈。如果在林肯的例子中这不是真的，那么在下列事实中一定是真的：如果我看到一个小孩将要被淹死，我救那个孩子的愿望通常比我避免罪恶感的愿望更强烈。这样的例子是心理利己主义的反例。

在很多利他的情况下，我们甚至没有自利的动机。例如，在2007年，一位名叫韦斯利·奥特里的50岁的建筑工人在纽约等地铁，他看见身边的一个人摔倒，他的身体抽搐着。那个男人站了起来，跌跌撞撞地走到月台边，摔倒在地铁的轨道上。就在这时，列车的前灯出现了。后来奥特里回忆说："我不得不刹那间做出决定。"他跳向轨道，扑在那个人的身上，把他压进一英尺①深的间坑内。火车发出刺耳的刹车声，但并没有立刻停下来。站台上的人们都惊呆了。五节车厢过去了，奥特里蓝色的针织帽上满是油污。当目击者意识到两个人都安然无恙时，站台上爆发出热烈的掌声。"我只是看到了一个人需要帮助。"奥特里事后说。他挽救了那个人的生命，从未想过自己的安危。

这里需要补上有关欲望的本性的一课。我们想要所有的东西——金

---

① 1英尺约合30厘米。——译者注

钱、朋友、名声、新车等，正因为我们对这些东西有欲望，所以我们会在得到它们的那一刻产生满足感。但是，我们欲望的客体并不是满足感本身——满足感不是我们的追求。我们想要的只是金钱、朋友、名声、新车，这和帮助其他人是一样的。我们帮助其他人的愿望是第一位的，我们可能得到的好的感觉只是一种副产品。

关于心理利己主义的结论。如果心理利己主义如此让人难以信服，为什么有很多聪明人为它所吸引？有些人喜欢这一理论在人性问题上的愤世嫉俗，有些人喜欢它的直白。如果某个单一因素能够解释人类所有的行为，这确实是件令人高兴的事情。但是，人类似乎太复杂了。心理利己主义不是一个可信的理论。

因此对道德来说，心理利己主义没有什么可怕的。考虑到我们能够因邻居的关心而感动，谈论我们是否应当关心我们的邻居就不是毫无意义的。道德的理论化不是以不切实际的人性观为基础进行的天真尝试。

伦理利己主义的三个论证

伦理利己主义是这样一种思想，它认为每个人都应该排他地只追求自己的利益。它不是常识性的观点，即人除了他人利益之外也应当推进自己的利益，而是一种激进的思想，它认为自利的原则是一个人的全部义务。

然而，伦理利己主义并没有说你应当避免帮助他人。有时，你的利益与其他人的利益是一致的，你帮自己也会帮到他人。例如，如果你说服老师取消作业，那么这会使你和你的同学都得利。伦理利己主义并不禁止这样的行为，事实上，它鼓励这样的行为。这个理论只是坚持，在这样的情况下，惠及他人并没有使行为正确，相反，一种行为是正确的，因为它于你自己有利。

伦理利己主义也并不意味着在追求自己的利益的过程中，你总是应该做你想做的事情，或者那些只给自己带来短暂快乐的事情。有些人可能想抽雪茄，或者在赛马场上赌上所有的钱，或者在他的地下室建一个冰毒实验室。伦理利己主义不赞成这些行为，虽然它们可能符合他们的短期利益。伦理主义者说，一个人应当做从长远来看真正符合自己最大利益的事。它赞同自私，而不是愚蠢。

现在我们来讨论伦理利己主义的三个主要论证。

利他主义会弄巧成拙的论证。 第一个论证有几个变体：

● 我们每个人都知道自己的愿望和需求，而且我们每个人都处于有效地追求这些愿望和需求的独特位置。同时，我们对其他人的愿望和需求的理解并不完美，并且在促进他人的利益方面我们处于不利的地位。因此，出于这些原因，如果我们去做"兄弟的管家"，我们常常会失职，并且弊大于利。

● 同时，关心他人的策略是对他人隐私的侵犯；这本质上是介入他人事务的策略。

● 使他人成为行善的对象是对他人的贬低，这剥夺了他们的尊严和自尊。这实际上是对他们说，你们没有能力照顾好自己。而且，这样的策略实现的是行善者的抱负，而那些被"帮助"的人会不再寻求自立，而是被动地依赖他人。这就是"慈善"的接受者经常憎恨而不是感激的原因。

在每一种情况下，关心他人的策略都会弄巧成拙。如果我们想做对人们最好的事，就不应该采取这种利他的策略。相反，如果每个人都能照管好自己的利益，每个人都会过得更好。

有很多理由反对这个论证。当然，没有人赞同插手他人的事情，把他人的事情搞砸，或者剥夺他人的自尊。但是当我们喂养嗷嗷待哺的婴儿的时候，情况真的是那样的吗？当我们给饥饿的索马里儿童食物，他们真的在我们"干涉"他们的"私事"的时候受到伤害了吗？几乎没有这种可能。但我们可以先把这一点放在一边，因为这种思考方式还有更严重的缺陷。

问题是它根本就不是对伦理利己主义的真正论证。论证的结论是我们应当采纳某种行为策略，并且从表面上看，它们是利己的策略。然而，我们应当采纳这些策略的理由绝对不是利己的。据说，采纳这些策略将会改善社会状况，但根据伦理利己主义，那不是我们应当关心的。其完整论证如下：

（1）我们应当做最能促进每一个人的利益的事情。

（2）促进每一个人的利益的最好方法是：每一个人都采纳仅仅追求自己的利益的策略。

（3）因此，我们每一个人都应当采纳仅仅追求自己的利益的策略。

我们如果接受这个推理，就不是伦理利己主义者了。即使我们最终会像一个利己主义者那样行动，我们的终极原则也是一种仁爱的原则——我们试图帮助每一个人，而不只是我们自己。我们不是一个利己主义者，而是一个对推进一般福祉有独特观点的利他主义者。

艾恩·兰德的论证。 哲学家对艾恩·兰德（1905—1982）的著作关注得并不多，她的小说的主题——个人至上和资本主义的优越性——被其他作者发展得更为严谨。然而，她是一个拥有超凡魅力的人物，吸引了一批忠诚的追随者。与 20 世纪其他作者相比，伦理利己主义的思想与她的联系更为紧密。

艾恩·兰德把"利他主义的伦理"看成是一种完全有害的思想，无论在社会整体中还是在个人生活中奉行这一理论都是有害的。她认为，利他主义将导致对个人价值的否定。利他主义说的是，你的生命只是某种可以被牺牲掉的东西。"如果一个人接受利他主义的伦理，"她写道，"那么他首先关心的不是怎样过好自己的生活，而是怎样牺牲自己的生活。"那些提倡利他主义伦理的人是卑鄙的——他们是寄生虫。他们吸榨那些为了建设和维持自己的生活而努力工作的人的血汗，而不是自己努力工作。兰德继续写道：

> 寄生虫、乞丐、抢劫者、残忍的人、暴徒对人没有任何价值——一个人生活在适合这些人的需要、要求，使他们得到保护的社会中得不到任何好处，这样的社会会把他当作牺牲品，为奖赏其他人的邪恶而惩罚他的美德。这就是一个建立在利他主义伦理之上的社会。

"牺牲人的生命"，兰德指的并不是任何像死一样富于戏剧性的事情。一个人的生命在某种程度上由其从事的事业、赢得和创造的利益所构成。这样，要求一个人放弃他的事业、终止他的利益，就是要求他"牺牲他的生命"。

兰德也认为利己主义伦理学有其形而上学的基础。无论如何，这是严肃对待个人现实性的唯一伦理。她感叹"利他主义严重削弱了人们掌握……个人价值的能力，它从清除个人的现实性中揭示思想"。

那么，饥饿的孩子该怎么办呢？也许有人会说，恰恰是伦理利己主义自身"从清除人的现实性中揭示思想"，换句话说，是清除那些正处于饥饿中的人的现实性。但是兰德赞同地引用她的一个追随者的回答说："一次，当一个学生问芭芭拉·布兰登：'穷人会怎么样呢？'她回答说：'如果你想帮他们，没人拦你。'"

所有这些话是一个连续的论证的一部分，可以表述如下：

（1）每个人都只有一次生命。如果我们尊重个人的价值，就是说，如果个人具有道德价值，那么我们一定同意生命是至高无上的。毕竟，所有人都有生命，并且所有的生命都是重要的。

（2）利他主义的伦理认为，个人的生命可以为他人的利益做出牺牲，因此利他主义的伦理没有严肃地对待个人的价值。

（3）伦理利己主义允许每个人把自己的生命视为具有最高价值的，它确实严肃地对待了个人——事实上，它是这样做的唯一哲学。

（4）因此，伦理利己主义是我们应当接受的哲学。

这个论证的一个问题是，正如你已经注意到的，它假定了我们只有两个选择：要么接受利他主义伦理，要么接受利己主义伦理。然后，通过把利他主义伦理描述得像只有傻瓜才会接受的疯狂学说，使得选择看起来极为明显。利他主义伦理被说成是这样的观点：个人自己的利益没有任何价值，无论何时，当其他任何人有要求时，个人必须随时做好完全牺牲自己的准备。如果这就是利他主义，那么其他任何观点，包括伦理利己主义，比较而言看起来都不错。

但这不是一个公平的描述。我们的常识性观点处于这两极之间，这就是，个人的利益和他人的利益两者都重要，我们必须保持二者的平衡。有时人应该为他人的利益而行动，有时应当关注自己的利益。所以即使我们应当拒绝极端的利他主义伦理，也不意味着我们一定要接受另一个极端——伦理利己主义。二者之间有一个中间地带。

伦理利己主义与常识性道德相协调。第三条推理思路采取了不同的进路。伦理利己主义通常被表述为挑战常识，然而，把它解释为一种支持常识性道德的理论也是可能的。

这种解释是这样的：普通的道德在于遵守某些规范。我们必须说真话、遵守诺言、避免伤害他人，等等。初看起来，这些责任似乎很普通——它们只是一堆互不相关的规范，但它们可能具有一种统一性。伦理利己主义者会说，所有这些责任最终都可以产生一个基本原则，即自利。

以这种方式理解，伦理利己主义不是一个激进的学说。它并没有挑战常识性道德，只是试图解释它并使之系统化，它做得出奇地好。它能够为上述所提到的责任提供看似合理的解释，并且还有：

- 不伤害他人的责任。如果我们做了伤害他人的事，其他人就会不介意做伤害我们的事。我们将不再有朋友，会被疏离、被轻视，在我们需要帮助的时候得不到帮助。如果我们冒犯他人的行为会造成严重后果的话，我们甚至会坐牢。因此为了我们自己的利益，要避免伤害他人。

- 不撒谎的责任。如果我们对别人撒谎，我们将承担坏名声带来的负面影响。人们将不再相信我们，避免和我们打交道。人们一旦意识到我们是不诚实的，他们也就不会诚实地对待我们。因此，我们会从诚实中获益。

- 信守诺言的责任：我们为了对自己有利才与其他人订立互惠的约定。为了从那些约定中受益，我们需要依赖别人信守诺言。但是如果我们自己不遵守对他们的诺言，也就几乎不能奢望他们会信守对我们的诺言。因此，出于自利的考虑，我们应当信守诺言。

沿着这种推理思路，托马斯·霍布斯（1588—1679）认为伦理利己主义引出了这条金科玉律：我们应该"施于他人"，以便他人"施于我们"。

这个论证能够将伦理利己主义确立为可行的道德理论吗？它是最好的尝试。但它也有两个严重的问题。首先，这个论证所能证明的，并不像它需要证明的那样多。它最多只是表明，为了个人的利益，要说真话、信守诺言、避免伤害他人。但也可能发生这样的情况——你可能从做某种可怕的事比如杀人中获益。在这种情况下，伦理利己主义就不能解释为什么你不应该做那种可怕的事。因此，有些道德义务不能从自利中产生。

其次，假设为解救饥馑而捐钱的人在某种程度上是出于对自己的利益的考虑，这不能推出它是这样做的唯一理由。另一个理由是为了帮助饥饿的人们。伦理利己主义者说自利是我们帮助别人的唯一原因，但目前这个论证并没有支持这一点。

反对伦理利己主义的两个论证

伦理利己主义赞同恶的论证。想想那些见诸报端的恶行：药剂师为了赚更多的钱，用稀释了的药剂给癌症患者配药。护理人员用无菌水代替吗啡给急诊病人注射，以便将吗啡私下售出获利。一名男护士强暴了两位昏迷的病人。一个 73 岁的人违背自己女儿的意愿，把她锁在地下室达 24 年，强行和她发生性关系并生下七个孩子。一名 60 岁的老人朝给他送信的邮递员开了七枪，因为他欠了他九万美元外债，他认为待在联邦监狱中总比无家可归要好。

假设某人做了这类事情居然还能为自己赢得利益，难道伦理利己主义赞同这些行为吗？这一点本身已经足以证明伦理利己主义是一个不能让人信服的学说了。然而这一反对意见可能对伦理利己主义并不公平，因为说这些行为是邪恶的，就假设了非利己主义的邪恶概念。

伦理利己主义是不可接受的武断的论证。 这个论证可能会驳倒伦理利己主义。不像前面的论证，它试图解释为什么其他人的利益对我们很重要。但在考察这个论证之前，让我们思考一下关于道德价值的一般观点。

有许多道德观点有这样的共同点：它们将人们分成不同的群体，并且说一些群体的利益比另一些群体的利益更重要。种族主义是其中最显著的例子，种族主义根据种族把人分成不同的群体，并且认为某一种族的福祉比其他种族的福祉更重要。所有形式的歧视，如反犹、民族主义、男性至上主义、年龄歧视等，都是这样的。被这种态度影响的人会认为，"我的种族更重要"，或者"那些信仰我的宗教的人更重要"，或者"我的国家更重要"，等等。

这些观点能否得到辩护？接受这些观点的人通常对为它们进行论证没有多少兴趣，例如，种族主义者很少试图为种族主义提供理性的证明。但是，假设他们要进行证明，他们会怎么说呢？

存在一个阻碍这类证明的一般原则，我们称之为平等对待原则：我们应当以同样的方式对待别人，除非有充分的理由不这样做。例如，假设我们正在考虑是否允许两个学生上法学院。如果两个学生都以优异的成绩从大学①毕业，并且在入学考试中成绩都很好——两人都有同等的资格，那么允许一个人上却不允许另一人上是武断的。然而，如果一个学生以优异的成绩从大学毕业，并且在入学考试中取得了很好的分数，而另一个学生从大学退学了，并且根本没有参加入学考试，那么让第一个学生上法学院而不让第二个学生上就是可以接受的。

从根本上讲，平等对待原则是一个要求我们公平对待他人的原

---

① 美国法学院的学生在入学之前需要先取得其他专业的本科学位，并且在校期间成绩优良，同时在法学院的入学考试中取得良好的成绩，这样才可能获准入学。——译者注

则：同样的情形同样对待，不同的情形不同对待。关于这个原则有两点需要阐明。首先，以同样的方式对待别人，并不总是意味着对他们来说结果是一样的。在"越战"期间，美国的年轻人想尽办法逃避兵役，政府不得不决定，排定一个让征兵委员会征召青年入伍的顺序。1969 年，第一个"征兵抽签"通过国家电视台发出。它是这样运作的：一年中的每一天被写在 366 张小纸片上（有一张纸片写着 2 月 29 日），并被分别放入蓝色的胶囊中。这些胶囊被放到一个玻璃缸里，混合在一起。然后，一个接着一个，这些胶囊被取出。第一个被取出来的是 9 月 14 日——这一天出生的，年龄在 18～26 岁的年轻人首先被征兵。这场抽签的赢家，即那些 6 月 8 日出生的年轻人，被排在了最后，这些年轻人从未被征召入伍。在大学宿舍里，成群的年轻人观看抽签的直播，而且很容易知道哪位同学的生日刚刚出现了——无论谁的生日被抽到，他们都会诅咒或叹息。很明显，结果是不同的。最后，一些人被征入伍，而另一些人没有。然而，过程是公平的。抽签给了每一个人同样的机会，政府以同样的方式对待每一个人。

其次，这个原则的范围，或者它的适用情形也需要加以阐释。假设你不想去看一场大赛，所以你把票给了你的朋友。在这样做的时候，你对你的朋友比对其他任何你可以给他们票的人都好。你的行为违反了平等对待原则吗？这需要有正当的理由吗？道德哲学家在这个问题上的观点是不一致的。一些人认为平等对待原则不适用于这种情况，只适用于"道德情境"，至于你应当怎么处置你的票，这个问题还没重要到被视为道德问题。也有人认为你的行为需要正当理由，而且可以提供各种不同的正当理由。你的行为可以由以下方式得到证明：友谊的本质，或者你不可能在最后几分钟为所有没有票的"粉丝"举行抽签，或者你拥有这张票，可以想怎么处理就怎么处理。就我们的目的而言，在评估伦理利己主义时，如何回答这些问题并不重要。每个人都以这种或那种理由接受了这一原则，这就足够了。每个人都认为要同等待人，除非事实要求不能这样。

我们来思考一个例子。2015 年特朗普开始竞选总统时，他谈到了墨西哥移民，他说："他们带来毒品，他们带来犯罪，他们是强盗。"而且不久之后特朗普扩大了他的打击面："不只是来自墨西哥的人，也包含所有来自南美和拉丁美洲的人……"第一个讲话听起来像是民族主义者的观点，根据来自哪个国家，人们被分成两个群体，一个群体（墨西哥人）受到的对待比另一个群体（非墨西哥人）要差。特朗普的第二个讲话听起来像是种族主义者的观点：人们现在被分成两个种族群体，拉丁裔和非拉丁裔（或者也许是，棕色皮肤的人和非棕色皮肤的人），并且我们的移民政策应该有利于第二个群体的人。

然而，请注意，特朗普不仅表明了对一些群体的偏爱，他也试图对这一点给出理由：美国的墨西哥人和拉丁裔（或一般的棕色人种）是一群罪犯。事实上，这种说法是错的：在美国，出生在美国的人比不出生在美国的人犯下了更多的罪行。很明显，想来美国的人，并且努力这样做了的人，一旦他们真的到了美国，他们的行为会比那些生在美国的人好得多。因此，特朗普关于他在移民问题上的立场的理由站不住脚。但也要注意到，也有东西是真实的：甚至唐纳德·特朗普也相信平等对待原则。特朗普可以只说让我们把拉丁裔挡在外面而不说原因。然而，他知道，他必须给出一个理由，他必须提供一个拒绝拉丁裔进入美国的事实基础，因为其他人是被允许进入美国的。所以他说他们贩毒、强奸。这些陈词滥调之所以存在，是因为甚至种族主义者也知道，他们必须解释为什么他们憎恨的人应该得到比其他人差的待遇。

伦理利己主义也违反了平等对待原则。它提倡把世界上的人分成两类——我们自己和其他每个人，并且它要求我们把第一类人的利益看得比第二类人的利益更重要。但是我们每个人都可能会问，我和其他每个人有什么不同？有什么正当的理由把我放在特殊的一类里？我更有智慧？我的成就更大？我更享受生活？我的需求和能力不同于他人？简言之，什么使我如此特殊？如果回答不出来，就说明伦理利己主义是武断的，就像种族主义是武断的一样。它们都违反了平等对待原则。

因此我们应当关心别人的利益，因为他们有着和我们相似的需要和愿望。同样的情况应得到同样的对待。最后再想想前文提到的那些饥饿的孩子，如果我们不那么奢侈，就能够给他们提供食物。我们为什么应该关心他们？当然，我们也关心自己——如果我们正处于饥饿之中，为了得到食物我们几乎愿意做任何事。但是，我们和他们有什么区别呢？难道饥饿对他们的影响更小吗？难道他们应当比我们得到更少吗？如果找不到我们和他们之间相对应的不同，我们就必须承认，如果我们的需要应当得到满足，那么他们的需要就同样应当得到满足。这个认识——我们和他们是一样的——正是我们的道德必须承认他人需求的最深层原因，也是伦理利己主义作为道德理论失败的终极原因。

资料来源

儿童死亡的统计数据，见 unicef. org（"Child Survival/ Under-Five Mortality"），accessed on August 30，2017。

休斯敦 50 英寸的降雨量，见 Todd C. Frankel，Avi Selk，and David A Fahrenthold，"Residents Warned to 'Get Out or Die' as Harvey Unleashes New Waves of Punishing Rains and Flooding," *The Washington Post*，August 30，2017。

关于拉乌尔·瓦伦贝格的信息，见 ohn Bierman，*The Righteous Gentile* (New York：Viking Press，1981)，and Sewell Chan，"71 Years after He Vanished，Raoul Wallenberg Is Declared Dead," *The New York Times*，October 31，2016。关于冒着生命危险保护犹太人的非犹太人的信息，见 http：// www. yadvashem. org。

关于泽尔·克拉文斯基的信息，见 Ian Parker's "The Gift," in *the New Yorker* (August 2，2004)。关于奥塞拉·麦卡蒂的信息，见 Bill Clinton，*Giving：How Each of Us Can Change the World* (New York：Alfred A. Knopf，2007)，p. 26。

Dale Carnegie，*How to Win Friends and Influence People* (New Simon and Schuster，1981；首次出版于 1938 年)，p. 31.

关于亚伯拉罕·林肯的故事，见 Springfield *Monitor*，quoted by Frank Sharp in his *Ethics* (New York Appleton Century)，p. 75。

关于跳下地铁轨道的那个人的故事，见 Cara Buckley，"Man Is Rescued by Stranger on Subway Tracks," *The New York Times* (January 3，2007)。

艾恩·兰德的引文出自她的著作 *The Virtue of Selfishness* (New York：

Signet，1964），pp. 27，32，80 and 81。

新闻报告引自 *The Baltimore Sun*，August 28，2001；The Miami Herald，August 28，1993，October 6，1994，and June 2，1989；*The New York Times*，April 28，2008；and the *Macon Telegraph*，July 15，2005。

唐纳德·特朗普 2015 年 6 月 16 日的演讲见 "Here's Donald Trump's Presidential Announcement Speech" on time. com。也见 Richard Perez-Penajan，"Contrary to Trump's Claims，Immigrants Are Less Likely to Commit Crimes，" *The New York Times*，January 26，2017。

第 6 章　社会契约理论

法律结束的地方，暴政开始。

——约翰·洛克：《政府论（下）》（1690）

霍布斯的论证

试想我们取走支撑道德的全部传统支柱。首先，假设没有上帝发布命令并且回报美德；其次，假设没有"自然目的"——自然的客观事物没有固有的功能和预定的用途；最后，假设人类天生就是自私的。那么，道德来自何处？如果我们不能诉诸上帝、自然目的，或者利他主义，还有什么可以作为道德的基础？

17 世纪英国杰出的哲学家托马斯·霍布斯试图表明，道德不依赖于任何此类东西。相反，道德应当被理解成解决实践问题的方式，而这一实践问题是由利己的人引发的。我们都想尽可能生活得好一些，为了实现富足，我们需要和平、合作的社会秩序。而如果没有规范，我们就不可能有和平、合作的社会秩序。那些规范正是道德规范，而我们为了从社会生活中获益所需要遵从的规范就构成了道德。那——不是上帝、不是内在目的、不是利他——才是理解伦理学的关键。

霍布斯首先提出这样的问题：如果没有强化社会规范的方法会怎么样？想象一下，没有政府机构——没有法律、没有警察、没有法庭，在这种情况下，我们每一个人都自由地做我们想做的事情。霍布斯把这种状态称为"自然状态"，那会是什么样子的？霍布斯认为那会很可怕。关于自然状态，他说：

> 产业是无法存在的，因为其成果不稳定。因此也就没有土地的耕耘，没有航海，没有由海上进口的商品的使用，没有宽敞的建筑，没有需要费很大力气才能搬运的设备，没有关于地貌的知识，没有时间的计量，没有艺术，没有信件，没有社会；并且所有这些中最糟糕的是，人们一直处于恐惧、暴力、死亡的威胁之中，孤独、贫穷、卑污、野蛮、短寿地活着。

霍布斯认为，自然状态如此糟糕，要归因于人类生活的四个基本事实：

● 存在相同需要。我们每个人为了生存都需要同样的基本的东西——食物、衣服、住所等。虽然我们在某些需要（如糖尿病患者需要胰岛素，而其他人不需要）上是不同的，但我们所有的人在基本需要上都是相似的。

● 存在短缺。我们没有住在伊甸园中，那里牛奶溪中流，果实满枝头。这个世界是一个艰苦、条件恶劣的地方，在这里，我们为维持生命所需要的东西并不充足。我们不得不努力工作，把它们生产出来，即使如此它们也可能供不应求。

● 存在基本平等的人的权力。谁能得到稀缺的食物？没有人能直接拿走他想要的，即使他比其他人更聪明、更强壮，甚至最强壮的人也可能被其他不太强壮但一致行动的人所击倒。

● 最后，利他是有限的。如果我们不能通过自己的力量获胜，还有什么别的希望吗？我们可以依赖其他人的好意吗？不能。即使人们不是完全自私的，他们最关心的还是他们自己。我们不能简单地假定，当我们的利益与他们的利益发生冲突时，他们会退让。

所有这些事实构成了一幅残酷的图景。我们所有的人都需要同样的基本物品，并且它们不够分配，因此我们不得不为得到它们而竞争。但是没有人能够在这场竞争中取得优势，并且没有人——或者几乎没有人——愿意顾及其他人的利益。其结果，如霍布斯所说，是"持续的战争状态，是一个人对所有人的战争"。并且这是一场没有赢家的战争。无论谁想生存下来都要努力抓住他所需要的一切，并且保卫它，防止别人进攻。同时，其他人也将做同样的事情。自然状态下的生活会是不可忍受的。

霍布斯认为，这不只是推测。他指出，当民众发动暴乱、政府崩溃的时候，这些就会实实在在地发生。人们开始不顾一切地囤积食物、武装自己并且将邻居隔在外面。而且当国际法没有约束力的时候，国家也会采取这样的行为。如果国际上没有强有力的、支配一切的权威维持和平，国家就要守卫自己的边境，建立自己的军队，并且首先要养活自己的人民。

为了逃避自然状态，我们必须找到一种合作的方式。在一个稳定并且合作的社会中，我们才能够生产更多的基本物品，并且以一种合理的方式将它们分配给人们。但是建立这样一个社会并不容易。人们必须同意遵从管理他们之间相互关系的规范。例如，他们必须同意不伤害他人、不违背诺言。霍布斯称他们彼此同意的内容为"社会契约"。作为一个社会，我们必须遵从某些规范，而且我们也拥有强化这些规范的方法，比如法律——如果你侮辱某个人，警察可能会逮捕你；又比如"公共舆论法庭"——如果你有撒谎的坏名声，人们不会再理你。所有这些规范一起构成了社会契约。

只有在社会契约下，我们才能够成为仁慈的存在者，因为契约创造了我们关心他人的条件。在自然状态下，每个人都只为自己，任何"关心其他人"，把自己的利益置于危险境地的人都是愚蠢的。但在社会状态中，利他变得可能，社会契约把我们从"对暴力死亡的持续恐惧"中解脱出来，使我们得以关注他人。让-雅克·卢梭（1712—1778）甚至说，当我们与他人进入一种文明的关系时，我们就变成了不同种类的动物。在他的名著《社会契约论》（*The Social Contract*，1762）中，卢梭写道：

> 从自然状态到文明状态的大道上，人产生了非常显著的变化……那么只要责任的声音代替了自然的脉动，曾经只考虑自

己的人……就会发现他被迫按照不同的原则行动，并且在倾听他自己的偏好之前向理性咨询……他的能力被如此地激发和发展……他的情感如此地高尚，他的整个心灵如此地得以升华，以至于对这一新条件的滥用都通常不能使他退化到原来的那种水平以下。他一定会持续地祈祷那个幸福时刻，让自己能够永远远离自然状态，并且使自己不再是愚蠢而无想象力的动物，而是勤奋的存在者和人。

那么"责任的声音"要求这个新人做什么呢？它要求他把以自我为中心的倾向放在一边，赞同惠及每个人的那种规范。但他能这样做只是因为其他人做了同样的承诺——这是"契约"的本质。

社会契约理论既解释了道德的目的，也解释了政府的目的。道德的目的是使社会生活变得可能，政府的目的是强化至关重要的道德规范。我们可以将社会契约理论的道德概念概括如下：道德由管理行为的一系列规范组成，在其他人也愿意接受的条件下，理性的人是愿意接受这些规范的。只有当理性的人能够期待从规范中获益时，他才会愿意接受规范。因此，道德与互利相关，只有当我们生活在通常遵守规范会让我们生活得更好的社会中时，你和我才会在道德上有义务遵从规范。

囚徒困境

霍布斯的论证是达到社会契约理论的一种方式，另一种方式是用"囚徒困境"来论证。"囚徒困境"是在 1950 年前后由社会学家梅里尔·M. 弗勒德和梅尔文·德雷希尔虚构的一个问题。这个问题是这样的：

假设你生活在一个极权主义社会，有一天，令你吃惊的是，你被逮捕了，并且被指控为谋逆。警察说，你正在和一个名叫史密斯的人一起密谋反对政府，史密斯已经被抓起来了，并且被监禁在一个单独的囚室。这个讯问者要求你对谋逆供认不讳。你坚称自己是清白的，说自己根本就不认识史密斯，但这没有用。不久你便明白了，逮捕你的人对真相没有兴趣，他们只是想给一些人定罪。他们给了你以下几条路让你选择：

● 如果史密斯不供认，而你供认并指认他，他们会放了你。你将会获得自由，而史密斯将被判十年监禁。

● 如果史密斯供认，而你不供认，形势会逆转，他将获得自由，而你被判十年监禁。

● 如果你们都供认，你们将每人被判五年监禁。

● 但是如果你们都不供认，那么就没有足够的证据确认你们任何一个人有罪。他们会关押你们一年，但随后将不得不释放你们。

最后，你被告知，他们也给了史密斯同样的选择，但你不能同他交流，并且你没有办法知道他将会做出怎样的选择。

问题是这样的：假定你唯一的目的是在监狱里待的时间尽可能短，你应该怎么做？供认还是不供认？对于这个问题，你应该忘掉保持尊严和维护权利。这个问题不是关于这些的。你也应该忘掉试图帮助史密斯，这个问题就是一个严格的关于你自己的最大利益的计算问题。怎么做才能尽快得到自由？

这个问题似乎不可能回答，除非你知道史密斯会怎样做。但是，那是一种错觉。这个问题有一个完全清晰的解决方案：无论史密斯怎样做，你都要供认。对于这一点可以解释如下：

（1）史密斯会供认，或者不供认。

（2）先假设史密斯供认，那么如果你供认，你将被判五年监禁，而如果你不供认，你将被判十年监禁。因此如果他供认，你也供认，你的境况会更好。

（3）另一方面，假设史密斯不供认，那么如果你供认，你将会获得自由，而如果你不供认，你将在监狱里待一年。显然，即使史密斯不供认，如果你供认了，你的境况仍然会更好。

（4）因此，你必须供认。无论史密斯怎样做，这都会使你尽快地从监狱里出去。

到此为止，一切都好。但是，请记住，史密斯也被提供了同样的条件。因此，他也会供认。结果是你们俩都被判五年监禁。但是你们俩如果都做相反的选择，一年之后你们俩就都能出去。这是一个奇怪的境况：因为你和史密斯都自私地采取行动，所以你们俩的处境都更差。

假设你能与史密斯交流，在那种情形下，你可能会和他达成协议，你们会同意你们俩都不供认，然后，你们俩都被关押一年。通过合作，你们俩的状况都比各自孤立地行动要好。合作不会给你们俩任何一个人最佳的结果——立即释放，但会比你们各自孤立行动的结果要好。

然而，最重要的是，你和史密斯之间的任何协议都必须是有约束力的。如果他违约供认，而你履行协议，那么，你最终将服最长的十年刑期而他将获得自由。因此为了让你理性地参与这一协议，你需要确保史密斯会信守自己的承诺。

道德作为"囚徒困境"类型问题的解决方案。 "囚徒困境"不只是一个巧妙的谜题，虽然它讲述的故事是虚构的，但是它所列举的模型却经常在现实生活中出现。例如，试想两种通常的生活策略的选择：你可能只追求自己的利益——在任何情况下，你都会做对自己有利的事，完全不考虑其他人，我们称此为"自私的行动"。另一个选择是，你可以关心他人，平衡他们的利益和你自己的利益，有时会为了他们的利益而忘记自己的利益，我们称此为"仁慈的行动"。

但是并不只有你一个人要做决定，其他人也不得不选择他们所要采取的生活策略。下面是四种可能性：（1）你是自私的而其他人是仁慈的；（2）其他人是自私的而你是仁慈的；（3）每个人都是自私的；（4）每个人都是仁慈的。在每一种情况下，你的状况如何？你可以这样评价各种可能性：

● 如果你是自私的而其他人是仁慈的，你的境况最好。你会得到其他人的慷慨所带来的利益，却不必回报他们的恩惠。（在这种情况下，你会是一个"搭便车者"。）

● 如果每个人都是仁慈的，你的境况次好。你将不再有因忽略其他人的利益而得的利益，但你还是会被其他人善待。（这就是"普通道德"的状况。）

● 糟糕的但不是最糟糕的境况是，每个人都是自私的。你会试图保护自己的利益，虽然你也不可能得到其他人的任何一点帮助。（这就是霍布斯的"自然状态"。）

● 如果你是仁慈的而其他人是自私的，你的境况最糟。其他人无论何时，只要他们想就可以暗箭伤你，但你永远不会做同样的事。你每次都会吃亏。（这就是"犯傻的报应"。）

这是一个与"囚徒困境"有着同样结构的情形。事实上，它就是一个"囚徒困境"，即使其中没有任何囚徒。我们可以再一次证明你应该选择自私的策略：

● 其他人会尊重你的利益，或者不尊重。

● 当他们尊重你的利益，你不尊重他们的利益时，你过得更好，至少在这样做时对你有利。这将是最理想的情况——你可以"搭便车"。

● 如果他们不尊重你的利益，你尊重他们的利益，你是愚蠢的。这将置你于最糟糕的境地——你得到"犯傻的报应"。

● 因此无论其他人怎样做，采取只关注自己利益的策略就会过得更好，所以你应该自私。

现在，我们遇到了问题：当然，其他人也能做出同样的推理，结果就是霍布斯的自然状态。每个人都会是自私的，都想给挡他们路的人一刀。显然，在这种情形下，每个人的处境都比相互合作时的处境更糟。

为了避免这种困境，我们需要另一个有约束力的协议，这一次要遵守相互尊重的社会生活规范。同之前一样，合作对每个人来说不会产生最佳的结果，但会产生比不合作更好的结果。用戴维·高蒂尔的话说，我们需要"通过协议走向道德之路"。通过建立保护每一个相关个人的利益的法律和社会风俗，我们就能够做到这一点。

社会契约理论的优点

根据社会契约理论，道德在于理性的人以其他人接受为条件所接受的规范。在很大程度上，这个理论的力量归功于这一事实：它给一些难题提供了似乎合理的答案。

（1）我们应当遵从什么样的道德规范？这些规范如何得到证明？具有道德约束力的规范是使社会生活更加和谐的规范。如果我们允许谋杀、攻击、偷窃、撒谎、不守诺言等，我们就不可能在一起和平地生活。因此，禁止这些行为的规范就得到了证明，因为它们具有推进社会和谐和合作的倾向性。另一方面，谴责卖淫、鸡奸、性放纵等的"道德规范"却不能以这种方式得到证明。社会生活怎么会被私下的、自愿的性活动所阻碍？赞同这样的规范怎么就对我们有利了呢？人们关起门来所做的一切超出了社会契约的范围。因此，那些规范对我们没有要求。

（2）为什么对我们来说遵从道德规范是理性的？我们同意遵从道德规范是因为，如果我们能生活在接受这些规范的社会中，我们会从中获得利益。然而，事实上我们之所以会遵从这些规范——我们信守承诺——是因为规范会得到执行，对我们来说避免惩罚是理性的。为什么你不去绑架你的老板？因为你可能会被逮捕。

但是，如果你认为你不会被逮捕呢？你为什么还要遵从这些规范呢？为了回答这个问题，首先要注意到，当其他人认为他们能够避免惩罚时，你仍旧不想让他们违反这些规范——你不希望其他人仅仅因为他们自认为能够逃脱惩罚就实施杀人、攻击等。毕竟，可能他们将要杀害或者攻击的人是你。因此，我们不希望其他人以一种轻佻的、轻浮的方式接受这些契约。我们希望他们有坚定的意愿，履行他们的承诺。我们希望他们不是那种因诱惑而误入歧途的人。当然，作为协议的一方，他们对我们有同样的要求。一旦我们有了坚定的意愿，依此行为就是理性的。当你认为你能逃脱惩罚时，为什么不绑架你的老板？因为你已经下决心不想成为那样的人。

（3）在什么条件下破坏规范是理性的？我们只是在某种条件下同意遵守这些规范。一个条件就是，我们总体上从这些约定中获益。另一个条件是，其他人会做好他们的部分。因此，当某人破坏这些规范时，他就把我们从对他的义务中解脱出来了。例如，假设某人在明显应当帮助你的情况下拒绝帮助你，那么在之后他需要你的帮助的时候，你会很正当地感到你没有责任帮助他。

这也可以解释为什么惩罚罪犯是可以接受的。违法者与守法的公民是被区别对待的——我们以在正常情况下被禁止的方式、以他们自己不会同意的方式对待他们。为什么我们可以这样做？记住，只有在其他人遵守规范的时候，这些规范才适用于你。所以当你和那些不遵守规范的人打交道时，你可以无视那些规范。在违反规范时，罪犯就使自己处于会受到报复的境地。这就解释了为什么政府强化法律是合理的。

（4）道德能要求我们多少？道德似乎要求我们要公平，也就是说，我们不能把自己的利益看得比别人的利益更重。但是，假设你面临这样一种情况：你必须在自己死还是其他五个人死之间进行选择，公平地说，这种状况似乎要求你选择自己去死。毕竟，他们有五个，而你只有一个。在道德上你是不是有义务牺牲自己？

哲学家们经常对这种例子感到很不安，他们直觉地感到道德能够要求我们的应该有一个界限。因此传统上他们说，这样的英雄行为是分外的要求。也就是说，它们是在责任要求之上、超越责任的行为，这样的行为值得尊重，但不是道德所要求的。然而，还是难以解释为什么不要求这样的行为。如果道德要求公平，一个人而不是五个人死会更好，那么你就会被要求牺牲你自己。

关于这个问题，社会契约理论会怎么说呢？假设问题是，是否有这样的规范，即"如果你牺牲自己的生命能救很多人的生命，那么你应该这样做"。在其他每个人都接受这一规范的条件下，接受这样的规范是不是理性的？可以推测，这可能是理性的。毕竟，由于我们每个人都可能从这个规范中受益，而不是受害——我们更可能处于那些被救的人中间，而不是成为唯一的那个结束自己生命的人，所以我们每个人都可能从这样的规范中受益。这样，社会契约理论似乎要求道德英雄主义。

但并不是这样的。根据社会契约理论，道德在于理性的人以其他人接受为条件所接受的规范。然而，订立我们不能期待其他人会遵从的约定是不理性的。我们能期望其他人遵从自我牺牲的规范吗？我们能期望陌生人会有坚强的意志为了我们而结束他们自己的生命吗？我们不能。大多数人不会那么仁慈，即使他们发誓他们会。我们能期待对惩罚的恐惧使他们仁慈吗？我们还是不能。人们对死亡的恐惧会压倒对任何惩罚的恐惧。因此，社会契约所要求的自愿的自我牺牲就有一个自然的限度：理性的人不会同意过于苛刻以至于其他人不会遵守的规范。以这种方式，社会契约理论解释了道德的一个特征，而其他理论认为这一特征很神秘。

公民不服从的问题

道德理论应当帮助我们理解具体的道德问题。社会契约理论尤其应该帮助我们理解那些关于社会制度的问题——毕竟解释那些制度的适当功能是这一理论的主要目标之一。所以，我们再来思考一下遵守法律的义务。我们是否有正当理由违反法律？如果有，是什么时候呢？

非暴力不服从是非暴力反抗政府的一种形式，人们公开违反法律，并且不拒绝被逮捕。现代非暴力不服从的最经典的例子是甘地（1869—1948）领导的印度独立运动和小马丁·路德·金（1929—1968）领导的美国人权运动。这两个运动都以公开、诚恳、非暴力地拒绝服从法律为特征。1930 年，甘地和他的追随者行进到海边的村庄丹迪，在那里他们从海水中提炼盐，这公然违反了英国法律。英国控制盐的生产，以便强迫印度农民以较高的价格购买盐。

在美国，金领导了蒙哥马利巴士抵制运动。这场运动始于亚拉巴马州首府蒙哥马利，是在罗莎·帕克斯于 1955 年 12 月 1 日被捕后发起的，帕克斯因为在公共汽车上拒绝将座位让给一位白人男子而被捕。帕克斯是在拒绝服从《吉姆·克劳法》，这一法案旨在强化南部的种族隔离。甘地和金是 20 世纪两位最伟大的非暴力运动的支持者，却都死于枪杀。

他们发起的运动有着不同的目标。甘地和他的追随者不认同英国统治印度的权力，他们想用自治代替英国的统治。然而金和他的追随者并不质疑美国政府的合法性，他们只是反对特定的法律和特定的社会政策。在 20 世纪的大部分时间里，在美国，特别是南部地区，有色人种被作为低等的下层阶级对待。

在南部，在像学校、餐馆、饮水处、浴池、泳池这样的地方，人们都是按种族被隔离开的，与白人使用的设施相比，"有色人种的设施"总是很简陋。非裔美国人是贫穷的，在奴隶制被废除一个世纪以后，其在全美各地的社区仍旧被高度隔离，这要归之于房地产市场中的种族主义实践。在南部，几乎没有非裔美国人可以投票，因为大多数的市政当局不被允许给他们登记。此外，黑人也不可能指望法律体系给他们公平的对待，因为每个警官、陪审员、法官都是白人。

种族隔离不仅由于社会习俗而得到强化，而且是一个法律问题，黑人公民在制定法律政策时被剥夺了发言权。在推动依靠普通的民主程序解决问题时，金指出，所有依靠这些程序的努力都失败了。至于"民主"，他说，这个词对被剥夺了投票权的人没有意义，因此，金相信，黑人别无选择，只能反抗不公正的法律，并且接受进监狱的后果。

今天，金作为一位伟大的领导者，我们将永远铭记他。但在当时，他的非暴力不服从策略是备受争议的。很多自由主义者对他的目标表示赞同，但批评他不遵守法律。1965 年《纽约州律师杂志》刊登的一篇文章表达了典型的担忧。在使他的读者确信"早在金博士还未出生之时，我就赞成，并且依然赞成所有人的公民权利事业"之后，路易斯·瓦尔德曼——纽约的一位著名律师——说：

> 如果宪法依然存在，那些根据宪法以及依据宪法制定的法律主张权利的人必须遵守宪法和法律。他们不能挑挑拣拣，不能说他们愿意遵守那些他们认为公正的法律，而拒绝遵守他们认为不公正的法律。
>
> 因此国家不能接受金先生的说法，他和他的追随者就是要挑挑拣拣，明知道这样做是非法的仍然这样做。我认为，这些说法不仅是非法的并因此而应当被拒斥，而且是不道德的，是对民主政府的原则的破坏，并且是对金博士竭力倡导的人权的威胁。

瓦尔德曼有一个观点：如果法律体系基本上是得体的，那么公然反抗法律显然就是一件不好的事情，因为它会弱化人们对法律的尊敬。为了回应这一反对意见，金有时说，他所要反对的邪恶是如此严重、如此巨大，并且如此难以战胜，以至于非暴力不服从作为"最后的手段"是有正当理由的。目的证明手段，虽然手段并不完美。这一论证足以回应瓦尔德曼的观点。但是，还有一个更深刻的、有效的回应。

根据社会契约理论，我们有义务遵守法律，因为我们每个人都参与了保证利益大于负担的社会体系。这个利益是社会生活的利益：我们逃离了自然状态，生活在社会当中；在社会中，我们是安全的，并且享有基本的权利。为了赢得这些利益，我们同意支持使这一切成为可能的制度。这意味着我们必须遵守法律、纳税、担任陪审员等——作为回报，这些是我们必须接受的负担。

但是，如果一些公民的基本权利被否定会怎么样呢？如果警察不保护这些公民而是保护那些对他们施以私刑的人，用狗攻击他们，会怎么样呢？在这样的情况下，社会契约就不能得到尊重。我们在要求处于劣势地位的群体遵守法律，纳税，并且也遵守社会制度时，我们就是在要求他们不享有社会生活的利益而只接受社会生活的负担。

这一推理思路暗示着，对社会中被夺去公民权的群体来说，与其说不服从是他们不愿意采用的"最后的手段"，不如说它是表达抗议的最自然、最合理的方式。如果弱势群体被拒绝给予社会生活的利益，他们也就从要求他们遵从社会规范的契约中解脱了出来。这是公民不服从的最深刻的论证，社会契约理论如此清晰而有力地提供了这一论证。

理论的困难

与功利主义、康德主义和德性伦理学一样，社会契约理论是当前道德哲学的重要观点之一。其原因不难理解，它似乎对道德生活进行了很多解释。然而，人们对社会契约理论也有两点重要的反对意见。

首先，有人说社会契约理论基于历史的虚构。它要求我们想象人们曾经各自孤立地生活，他们发现这不堪忍受，最后重新联合在一起，同意遵从互利的社会规范。但是，这些未曾发生过。它只是一个想象。那么，它有什么意义呢？确实，如果人们曾经以这种方式聚到一起，我们就能够如这种理论所建议的那样，解释人们对他人的义务：人们有义务遵守他们同意遵守的规范。但是即便这样，仍会有问题。协议是所有人都一致同意的吗？如果不是，那些没有签署契约的人怎么办呢？不要求他们的行为是道德的？并且如果契约是很久以前我们的祖先签订的，为什么我们应该受它的约束呢？但是无论如何，从来没有过这样的契约，所以也没有什么东西能够通过诉诸它而得到解释。正如一位批评家所说的风凉话，社会契约"不值那张纸，未写在那上面"。

确实，我们都不曾签署一个"真的"契约——没有附有署名的文件。移民，当他们获得公民资格时承诺遵守法律，他们是例外。然而社会契约理论家可能会说，对我们所有人来说，社会契约理论描述的社会安排确实存在：确实存在每个人都认同的约束他们的一套规范，我们所有人都从这些规范得到普遍遵从的事实中受益。我们每个人都接受这一安排所带来的利益，更重要的是，我们期望并鼓励其他人遵守这些规范。这是对真实世界的描述，不是虚构的。我们接受这一安排带来的利益，我们就有义务尽我们的本分——至少意味着我们应该遵从规范。因此，我们被隐含的社会契约所约束。之所以说它是隐含的，是因为我们成为社会契约的参与者，不是通过明确地做出承诺，而是通过接受社会生活的利益。

因此，"社会契约"的故事不必是对历史事件的描述。相反，它是一个有用的分析工具，它基于这样的思想，即：我们可以理解我们的道德义务，好像它就是以这种方式产生的。思考下列情形：假设你遇到一群人，他们正在玩一个复杂的游戏。游戏看起来很有趣，所以你也参加了。然而过了一会儿，你开始不守规则，因为这样似乎更有趣。当其他人提出抗议时，你说你从来没有承诺要遵守那些规则。然而，你的话是不恰当的。也许没有人承诺要遵守规则，但是参加这个游戏本身，就隐含着每个人都同意遵守使游戏成为可能的规则，就好像他们都同意了这些规则。道德就是这样的。这个"游戏"就是社会生活，那些使游戏成为可能的规则就是道德规范。

然而，对第一个反对意见的回应是无效的。在游戏进行的过程中，你加入这个游戏，很显然你是主动选择加入，因为你也可以选择不加入。出于这个原因，你必须尊重游戏的规则，否则会被视为令人讨厌的家伙。相反，某人出生于今天这个大合作的世界，并不是他主动选择加入，没有人可以选择是否出生。一旦一个人长大，离开这个世界的代价就太大了。你怎么可能选择离开？你可以成为一个活命主义者，从来不享用道路、电力或水等服务。但这会是一个巨大的负担。当然，你也可以离开这个国家。但是，如果你不喜欢的社会规范也存在于任何其他国家，怎么办呢？并且正如大卫·休谟所说，很多人不可能以有意义的方式"自由地离开他们的国家"：

> 我们能严肃地说，一个贫穷的农民……当他对外国的语言
> 和风俗一无所知，并且只能靠其微薄的收入过一天算一天时，
> 他可以自由地离开他的国家吗？我们还可以确定，虽然一个人
> 是在熟睡时被弄到船上的，但他可以通过留在船上而自由地同
> 意主人的统治，并且我们同样可以确定，他为了离开可以跳进
> 海里，但会在离开船只的瞬间葬身大海。

因此生活并不像加入一场游戏，你可以走开，拒绝游戏的规则。生活就像你被抛入了一个你无法走开的游戏。社会契约理论无法解释为什么一个人一定要遵守这个游戏规则。

那么，第一个反对意见是否驳倒了社会契约理论呢？我认为没有。社会契约理论家可以这样说，参加一个合理的社会项目是理性的，它确实符合一个人的最大利益。这正是规范有效的原因，因为它们对那些生活在其中的人们有利。如果有人不认同这些规范，而规范对他们仍旧适用，他就是不理性的。例如，假设一个活命主义者放弃了社会生活的好处，那么他会拒绝交税吗？他很可能不会，因为即使是他，也是交税更好，因为可以享用清洁的水源、柏油马路、室内的排水设施等带来的好处。这个活命主义者可能不想玩这个游戏，但规则对他仍旧适用，因为加入这个游戏确实符合他的利益。

这一对社会契约理论的辩护放弃了道德基于一致同意的思想。然而，它紧紧抓住了道德在于互利的规范这一思想。它也符合我们前面给出的定义：道德在于管理自己行为的规范体系，即在其他人

愿意接受这一规范体系的条件下，理性的人也愿意接受的规范体系。理性的人会认同互利的规范。

第二个反对意见更加棘手。有些个体不可能对我们有利。因此根据社会契约理论，这些个体不能对我们提出要求，并且我们确立社会规范时，可以忽略他们的利益，道德规范就会因此而允许我们以任意方式对待这些个体。而这意味着这一理论是不可接受的。至少有三种弱势群体：

- 非人类的动物；
- 未来的一代；
- 受压迫的人口。

假设一个虐待狂想虐待一只猫。他不会从禁止虐待猫的规范体系中获益，毕竟，他不是猫，且他想实施他的残暴行为。所以，任何禁止虐待猫的规范都不适用于他，当然，猫的主人会在这一体系下受到伤害——因为他们关心他们的猫——所以他们会反对虐待猫的规范体系。在这种情况下，很难知道哪种道德规范是有效的。但是假设这个虐待狂发现了树林中的流浪猫，那么即使他的行为极端残忍，社会契约理论也不能谴责他。

再想想未来的一代。他们也不可能对我们有利，我们会在他们出生之前死亡，但我们能通过让他们付出代价来获取利益。为什么我们不应该增加国债？我们为什么不污染湖泊并且让空中迷漫着二氧化碳？我们为什么不把有毒废物埋在 100 年以后就会分解的容器中？允许这些行为不会损害我们的利益，只会伤害我们的后代。所以，我们可以这么做。或者想想被压迫的人口。当欧洲人殖民新大陆时，为什么在道德上不允许他们奴役当地原住民？毕竟原住民没有打一场漂亮战争的武器。欧洲人可以通过创建一个让原住民成为他们奴隶的社会而获取最大的利益。

这种类型的反对意见涉及的并不是这一理论的某个次要方面，它直指这一理论的根基。社会契约理论基于自利和互惠，因此它似乎不能充分认识到我们对那些不能使我们受益的个体所承担的道德责任。

资料来源

本章开头的引文引自洛克《政府论》第 18 章第 202 段。其完整的句子揭示了不同的意义："如果法律被违反从而导致其他人被伤害，法律结束的地方，暴政开始。"

关于霍布斯论自然状态，见 *Leviathan*，Oakeshott edition（Oxford：Blackwell，1960），chapter13，p. 82。

卢梭的引文见 *The Social Contract and Discourese*，trans. . by G. D. H. Cole（New York：Dutton，1959），pp. 18 – 19。

弗勒德和德雷希尔最先提出了囚徒困境，见 Richmond Campbell，"Background for the Uninitiated"，*Paradoxes of Rationality and Cooperation*，edited by Richmond Campbell and Lanning Sowden（Vancouver：University of British Columbia Press，1985），p. 3。

20 世纪美国黑人的经历，包括他们在住房方面的待遇，见 Ta-Nehisi Coates，"The Case for Reparations,"*The Atlantic*，June 2014。

关于路易斯·瓦尔德曼，见 *Civil Disobedience：Theory and Practice*，edited by Hugo Adam Bedau（New York：Pegasus Book，1967），pp. 76 – 78，106 – 107。

休谟的引文见 "Of the Original Contract"，重印于 *Hume's Moral and Political Philosophy*，edited by Henry D. Aiken（New York 1948），p. 363。

第 7 章　功利主义进路

最大多数人的最大幸福是道德与立法的基础。

——杰里米·边沁：《边沁文集》（1843）

伦理学革命

18 世纪后期和 19 世纪见证了一系列令人吃惊的巨变。法国大革命（1789—1799）和拿破仑帝国（1804—1815）分崩离析的结果是现代民族国家的兴起。1848 年革命显示了"自由、平等、博爱"作为道德理念的力量。在新大陆，美国脱离英帝国赢得独立，批准了一部承诺建立开放民主的社会的宪法，并且美国内战（1861—

1865）结束了西方文明中的奴隶制。同时，工业革命正在重塑最富裕国家的经济。

在这个时代出现新的伦理思想并不奇怪。特别是边沁（1748—1832）对新的道德概念做出了强有力的论证。他提出，道德不是要取悦上帝，也不是要忠诚于抽象的规范，而是要使世界上的人尽可能地幸福。

边沁认为，有一个终极的道德原则，即功利原则。这个原则要求我们在所有的情况下"使幸福最大化"——换言之，使幸福超过不幸或者使快乐超过痛苦的值最大。

边沁是一群激进者的领袖，他们致力于根据功利主义路线改革英格兰的法律和制度。詹姆斯·穆勒是他的追随者之一，他是卓越的苏格兰哲学家、历史学家和经济学家。詹姆斯·穆勒的儿子约翰·斯图尔特·穆勒（1806—1873）成为接下来的功利主义道德理论的主要倡导者。年轻的穆勒所提倡的功利主义甚至比边沁的理论更精致、更有说服力。他的小册子《功利主义》（*Utilitarianism*，1861）仍旧是严肃的道德哲学学生的必读书。

乍一看，功利主义原则可能不像是一个非常激进的观点。事实上，它似乎太过老套，仿佛陈词滥调。毕竟，谁不认为我们应该反对受苦而推进幸福？然而，边沁和穆勒与 19 世纪另外两位伟大的理论创新者生物学家达尔文（1809—1882）、社会理论家马克思（1818—1883）一样，以自己的方式而具有革命性。

为了理解功利原则的激进性，我们思考一下它在道德问题上忽略掉的东西：不再提及上帝和"写在天堂里的"抽象道德规范。道德不再被理解为对古老律令的遵从。正如彼得·辛格（1946—　　）

后来所说，道德不是"使人不快的、清教徒般的、用来阻止人们取乐的禁令体系"。相反，伦理的目的是使这个世界上的人幸福，没有别的，并且道德允许我们——甚至要求我们——去做任何对促进幸福必要的事情。这不是毫无新意的老生常谈，而是革命性的想法。

功利主义想让他们的学说在实践上至关重要，所以让我们来看看他们对真实世界中颇有争议的三个问题——安乐死、大麻和对待非人动物——有什么说法。这会让我们对这个理论有更好的感觉。

第一个例子：安乐死

西格蒙德·弗洛伊德（1856—1939），一位具有传奇色彩的奥地利心理学家，在长期吸雪茄之后饱受口腔癌的折磨。在其生命的最后几年，弗洛伊德的健康状况时好时坏，但在 1939 年初，他的口腔后部形成了一个巨大的肿块，他已时日无多。弗洛伊德的癌症处于活跃期，同时他还患有心力衰竭。他的骨头开始腐烂，散发着恶臭，他最心爱的狗也因为他气味难闻而不愿意待在那儿陪伴他。为了赶走苍蝇，他的床上不得不挂上了蚊帐。

9 月 21 日，83 岁的弗洛伊德拉着他的朋友兼私人医生马克斯·舒尔的手说："我亲爱的舒尔，你一定记着我们的第一次谈话，你答应过我，当我大限已到时，不要救我。现在我除了受罪没有别的了，做任何努力都没有意义。"而 40 年前，弗洛伊德曾经写道："一个人会面临什么呢……如果某人不再敢说这个人或那个人大限已到？"舒尔医生说，他理解弗洛伊德的请求。为了结束他的生命，舒尔给他注射了药物。"不久，他感到了解脱，"舒尔写道，"随后平静地睡去。"

马克斯·舒尔做错了吗？一方面，他是出于高尚的动机——他爱他的朋友，并且想让他从病痛中解脱出来，更重要的是，弗洛伊德要求去死。所有这些都可以成为宽容的理由。但是，根据我们文化中主流的道德传统，舒尔所做的在道德上是错的。

这个传统是基督教传统。基督教认为，人的生命是上帝给予的礼物，只有上帝可以决定是否终止它。早期的教会禁止所有的杀戮，认为耶稣的教诲不允许有例外。后来，教会承认有一些例外，例如死刑和战争中的杀戮。但是，自杀和安乐死仍然是被禁止的。神学家将教会的教义概括为这样的准则：故意杀害无辜总是错的。这个观念塑造了西方关于杀人的道德态度。因此我们可能不愿意原谅马克斯·舒尔，即使他出于高尚的动机这样做。他故意杀害了一个无辜的人，因此根据我们的道德传统，他做的是错的。

功利主义以不同的方式看待这个问题。它会问：对舒尔来说，哪种行为所带来的幸福大于不幸的值最大？在这里，获得最大幸福的是弗洛伊德。如果舒尔没杀他，他仍旧悲惨地、痛苦地活着，他会遭受多少不幸呢？很难准确地说明。但是弗洛伊德强烈地愿意死去，在这种情况下，功利主义者支持故意杀死一个无辜的人。

功利主义的进路是世俗的，边沁否认他反宗教。边沁甚至说，虔诚的人如果（事实上真诚地）把上帝视为仁慈的，他们就会赞同功利主义者的观点。他写道：

> 在所有的情况下，宗教的要求和功利主义是一致的，上帝

是宗教信仰的对象，被认为是全智、全能的，也被普遍认为是仁慈的。……但在各种宗教信徒中间似乎很少有人真正相信他的仁慈。他们在言辞中称他是仁慈的，但并不是指他在事实上如此。

安乐死就是这一点的明证。边沁可能会问，仁慈的上帝怎么会禁止杀死西格蒙德·弗洛伊德呢？如果某人说"上帝是关爱的，但他禁止我们把弗洛伊德从痛苦中解脱出来"，这就正应了边沁所说的，"在言辞中称他是仁慈的，但并不是指他在事实上如此"。

然而，大多数宗教领导者不同意边沁的观点，而且我们的法律传统也深受基督教的影响。在西方，安乐死只在屈指可数的几个国家中是合法的。在美国，这简直就是谋杀，而且一个故意杀死病人的医生会在监狱中度过余生。对此，功利主义会怎么说呢？从功利主义的角度看，安乐死如果是道德的，是否也应当是合法的？

一般而言，如果一种行为不是错的，它就应该是被允许的，因此，安乐死在法律上应该是被允许的，应该是合法的。边沁认为，人们应该自由地做他们想做的任何事——任何他们认为会使他们幸福的事——只要这些事没有伤害到他人。例如，边沁反对监管成年人自愿的性行为的法律，穆勒在《论自由》（*On Liberty*，1859）一书中对这一原则做了雄辩般的解释。他这样写道：

> 对一个文明社会的任何成员可以违背其意愿正当行使权力，唯一的目的是阻止伤害他人。他自己的利益，无论是身体的还是道德的，都不是充分的理由。……对于他自己，他自己的身体和心灵，他个人拥有至高无上的权力。

因此功利主义者把法律反对安乐死视为没有正当理由地约束人的自由。当马克斯·舒尔医生杀死弗洛伊德时，他是以弗洛伊德自己选择的方式结束弗洛伊德的生命的。没有任何人受到影响，所以也不关别人的事。据说边沁自己在他最后的日子里也曾经要求安乐死，然而我们不知道他是否是以弗洛伊德的方式死去的。

第二个例子：关于动物

如何对待动物的问题在传统上被视为小事一桩。根据基督教传统，唯有人是以上帝的形象被创造出来的，并且动物没有灵魂。因此，根据自然秩序，我们可以任意对待动物。托马斯·阿奎纳（1225—1274）在总结这种传统观点时写道：

> 这就驳斥了那些人的错误，他们说宰杀牲畜是罪过；根据上帝的旨意，它们在自然秩序中是为人所用的。因此人利用它们，或者宰杀它们，或者以其他任何方式对待它们，都没有错。

但是，难道对动物残忍不是错的吗？阿奎那承认这是错的，但他认为其中的原因与人类的福祉而不是动物的福祉有关：

> 如果《圣经》中有说禁止我们残忍地对待牲畜，例如杀掉鸟儿的幼雏：这或者是为了将人的思想从残忍地对待他人转移，以免人由于残忍地对待动物而变得对待他人也很残忍；或者因为对动物的伤害而导致对人的暂时伤害，无论是行为的实

施者还是另一方。

因此，根据这种传统观点，人和动物处于各自独立的道德分类中。动物没有自己的道德地位，我们可以以任何我们喜欢的方式任意对待它们。

坦白地说，传统的学说使我们感到有点紧张：它似乎极端地缺少对动物的关心，毕竟，很多动物都是聪明而敏感的。然而我们有很多行为竟然被这一学说所引导。我们吃动物，用它们做实验，用它们的皮做衣服，用它们的头做装饰品，在马戏团或牛仔竞技比赛中用它们来取乐，把追踪并且杀了它们当作运动。所有这些活动都涉及动物的相当重的疼痛。

尽管这些实践在神学上的"正当理由"看起来很弱，但是西方哲学家已经提供了足够多的世俗的"正当理由"。哲学家说，动物是非理性的，所以它们没有能力"说话"，或者它们不是人——所有这些都是作为它们的利益在道德关怀范围之外的理由被提出来的。

然而，功利主义者不这样认为。根据他们的观点，重要的不是一个个体是否有灵魂、是否理性，或者其他的什么。全部的重要性在于它是否能感受幸福或不幸。如果动物能够感受痛苦，我们就有责任在我们决定做什么的时候考虑这一点。事实上，边沁认为，动物是人还是非人，与它是白的还是黑的一样，都是不相关的。他写道：

> 这一天可能会到来，那时人以外的动物可以获得权利，这些权利除了暴政之手，无人能剥夺。法国人已经发现，皮肤的黑色绝不是把一个人不加考虑地扔给喜怒无常的虐待者的理由。这一天会到来，人们会认识到腿的数量、皮肤上的毛发或

者骶骨的末端也不是把敏感的存在丢给同样命运的充分理由。什么是应当谨守、不能跨越的界线？是理性的能力，或者也许是交谈的能力？但是一匹发育完全的马或者一条狗，还有更易交流的动物，是超越这种比对的，它们比一天或者一周甚至一个月大的婴儿更具理性。但是假设事情不是这样，又有什么用呢？问题并不在于它们有无理性，也不在于它们会不会说话，仅仅在于：它们能否感受。

为什么虐待一个人是不对的？因为这个人会遭受痛苦。与此相类似，如果虐待一只动物，它也会遭受痛苦。至于是动物还是人在受苦，这不重要。对边沁和穆勒来说，这种推理思路是决定性的。人和非人有同等的权利得到道德关心。

然而，反过来看，像传统的不给动物任何道德地位的观点一样，这个观点似乎有些极端。难道动物真的与人类等同吗？在某种程度上，边沁和穆勒确实是这样认为的，但他们不认为一定总是要以同样的方式对待动物和人。两者之间事实上的差异常常证明了对两者加以区别对待是正确的。例如，因为人有理性能力，所以人能够在有些事物中得到动物所得不到的乐趣，比如数学、文学、策略游戏等。并且与此相类似，人的高级能力可以使人感受到挫折和失望，而动物没有这种体验。因此，我们促进幸福的责任既有为人促进那些特殊享受的责任，也有阻止人们可能承受的特殊不幸的责任。

与此同时，我们也考虑到了动物所遭受的痛苦的道德责任，它们所遭受的痛苦与人所体验到的类似的痛苦同等重要。相反的观点——认为动物的痛苦没那么重要因为它们只是动物——被称为"物种歧视"。功利主义者认为，像种族歧视对种族进行区别对待一样，物种歧视是对物种进行区别对待。

特别是在肉类的生产中，人类是物种歧视主义者。大多数人模模糊糊地觉得屠宰场令人不快，但饲养的动物在其他方面得到了人道的对待。事实上，在被屠宰之前，动物就已经生活在糟糕的条件下。比如，小牛降生后，每天 24 小时待在小得难以转身的围栏里，难以舒适地躺下，甚至难以转一下头赶走寄生虫。生产商将牛放在很小的围栏中集中饲养，以便节约成本并保证其肉质鲜美。小牛显然想念自己的母亲，它们也像人类的婴儿一样，渴望有个什么东西可以吮吸——人们看到它们徒劳地吮吸着木畜栏的边缘。为了保证其肉色淡而味美，它们被喂食一种缺少铁和粗纤维的饲料。小牛对铁的渴求如此强烈，以至于它们一旦可以转过身来就会舔自己的尿。当然，正常情况下它们转不了身。没有粗饲料，小牛不可能咀嚼和反刍食物。出于这个原因，不可能让它们睡在草上，因为它们会吃草，尝试吃一些粗饲料。所以对这些动物而言，屠宰场并不是一个之前惬意生活的痛苦的终点。

小牛只是一个例子，鸡、鸽子和成牛等在被屠宰以前都处在这样的条件之下。功利主义者对这些问题的论证还是很简单的。肉类生产体系导致动物遭受巨大的痛苦，却没有得到补偿。因此，我们应该放弃这种体系。我们应该或者食素，或者在杀死动物之前人道地对待它们。

在所有这些思想中，最具革命性的是这一简单的思想：动物非常重要。我们通常假定，人是唯一值得进行道德考虑的。功利主义者挑战了这种基本的假定，并且坚持关心所有能感受痛苦和快乐的生物。人类在很多方面都是特别的，适当的道德必须承认这一点。

但是我们不是唯一能感受痛苦的生物，适当的道德也必须承认这个事实。

资料来源

"普里斯特利（Priestley）［如果不是贝卡里亚（Beccaria）］是教导我说出神圣真理的第一人：最大多数人的最大幸福是道德与立法的基础。"（Jeremy Bentham，"Extracts from Bentham's Commonplace Book"，*Collected Works*，vol. 10，p. 142）

彼得·辛格所说的道德不是实践伦理学中使人不快的清教徒般的禁令体系，见 *Practical Ethics*，2nd ed.（Cambridge：Cambridge University Press，1993），p. 1。

对弗洛伊德之死的描述见 Ronald W. Clark，*Freud：The Man and the Cause*（New York：Random House，1980），pp. 525 – 527，以及 Paul Ferris，*Dr. Freud：A Life*（Washington，DC：Counterpoint，1997），pp. 395 – 397。

边沁的引文，见 *An Introduction to the Principles of Morals and Legislation*，1st ed.（printed in 1780；published in 1789），p. 125（关于上帝）和 p. 311（关于动物）。边沁在 "Offences Against One's Self" 一文中讨论了性伦理学，该文写于 1785 年前后，于其身后出版。

穆勒的引文见《论自由》（1859）第 1 章导言第 9 段。

关于吸烟的事实，见 cdc. gov（"Health Effects of Cigarette Smoking"）。

约翰·埃利希曼的引文转引自 Dan Baum in "How to Win the War on Drugs：Legalize It All," *Harper's*，April 2016。

阿奎那关于动物的引文，见 *Summa Contra Gentilse*，book 3，chapter 112. In the *Basic Writings of St. Thomas Aquinas*，edited by Anton C. Pegis（New York：Random House，1945），vol. 2，see p. 222。

第 8 章　关于功利主义的争论

最大幸福原则的信条坚持认为，倾向于推进幸福的行为是正确的，倾向于产生幸福的反面的行为是错误的。

——约翰·斯图尔特·穆勒：《功利主义》（1861）

人们并不努力奋斗以追求幸福，只有英国人才是那样的。

——弗里德里希·尼采：《偶像的黄昏》（1889）

理论的古典版本

古典功利主义的理论可以被概括为以下三个观点：（1）行为道德与否只依赖于行为的结果，其他一切都不重要；（2）行为的结果只与行为所涉及的更多或更少的个人幸福相关；（3）在评价结果的时候，每个人的幸福要给予同等的考虑。这意味着，同等的幸福的总量是同等的，没有人因为他们更富有、更有权力或者更英俊，他们的幸福就更重要，或者因为他们是男人，他们的幸福就比女人的幸福更重要。在道德上，每个人都同等重要。根据古典功利主义，如果一种行为产生的幸福远远多于不幸，这一行为就是正确的。

古典功利主义被 19 世纪英国三个最伟大的哲学家所论证和发展，他们是杰里米·边沁、约翰·斯图尔特·穆勒、亨利·西季威克（1838—1900）。在一定程度上，由于他们的努力，功利主义对现代思想产生了深刻的影响。然而，大多数道德哲学家拒绝接受这一理论。接下来，我们将考察一些使功利主义变得不受欢迎的反对功利主义的论证，在考察这些论证的过程中，我们也将思考伦理学理论的深层次问题。

快乐是全部重要的事情吗

"什么是善的"这个问题不同于"什么行为是正当的"，但功利主义在回答后面这个问题时参考了第一个问题的答案。正当的行为是产生最大的善的行为，但什么是善？功利主义的回答是：幸福。正如穆勒所说："功利主义学说是这样的学说，它认为幸福是值得欲求的，并且是唯一作为目的值得欲求的，所有其他事物都是作为达到这个目的的手段而值得欲求的。"

那么，什么是幸福？根据古典功利主义者的观点，幸福就是快乐。功利主义者对快乐的理解是广义的，包括所有感觉好的心理状态。成就感、美味、悬疑电影高潮时所产生的强烈意识都是快乐的例子。快乐是终极的善、痛苦是终极的恶的思想自古便作为享乐主义思想为人们所熟知。事物是善还是恶取决于它给我们的感觉，这一思想在哲学上有其追随者。然而，也有一些反思似乎揭示了这一理论的缺陷。

来看下面两个例子。

● 你认为某人是你的朋友，但他在背后嘲笑你。没有人告诉你这件事，所以你从来都不知道。对你来说，这是不幸吗？享乐主义者不得不说，这不是不幸，因为你从未感受到任何痛苦。然而，我们还是觉得有些不太好的事情正在发生。你被愚弄了，即使你不知道这一点，即使你未承受不幸的痛苦。

● 在一次车祸中，一个前途无量的年轻钢琴家的手受伤了，她再也不能弹钢琴了。这为什么对她是不好的呢？享乐主义者会说因为这导致她痛苦，并且使她失去了一个快乐的来源。但是假设她发现其他东西能够带给她同样多的快乐，比如，观看电视上播放的曲棍球比赛，她从中得到的快乐与她曾经从弹钢琴中得到的快乐一样多，为什么这次事故仍然是一个悲剧？或者说为什么它就是一件坏事？享乐主义者只能说，只要她想到自己曾经是什么样的，就会感到挫折和沮丧，这就是她的不幸。但这种解释是本末倒置的。并不是通过感到不幸福，她就从某种中间状态转到坏的状态中了。相反，是不好的状态使她感到不幸。她可能成为一个伟大的钢琴家，但现在不可能了。我们不能认为仅仅通过让她高兴起来并且享受观看曲棍球比赛的乐趣就可以消除悲剧。

　　这两个例子都阐明了同一个基本观点：我们重视的是事物本身而不是快乐。比如，我们重视艺术创造和友谊。这些东西的确使我们感到幸福，但这并不是我们重视它们的唯一理由。即使并没有幸福的损失，失去它们本身也是不幸的。

　　出于这个原因，大多数当代功利主义者拒绝接受享乐主义的经典假说。他们中的有些人回避什么是善这个问题，只说有最好结果的行为才是正当的行为，而这是可以衡量的。其他的功利主义者，例如英国哲学家 G. E. 穆尔（1873—1958）列出了一个有价值的事物的简短清单，这些事物其本身就被认为是有价值的。他认为有三种内在的善：快乐、友谊和艺术享受，而正当的行为是使世界上的这些事物增多的行为。还有人说，我们应该帮助人们得到他们想要的——换言之，我们应当试图使人们的偏好得到最大的满足。我不想进一步讨论这些理论，我提到它们只是为了表明，虽然享乐主义已经被广泛摒弃，但当代功利主义者并不认为它难以为继。

结果是唯一重要的事情吗

　　为了决定行为是否正当，功利主义认为我们应当看看，这样做将会发生什么结果？这是这一理论的核心。在决定正当性时，如果事情本身而不是结果是重要的，那么功利主义就是不正确的。这里有三个论证攻击了功利主义的这一点。

公正。1965 年，在美国黑人民权运动的激进气氛中，H. J. 麦克洛斯基撰文要求我们思考如下案例。

> 假设一个功利主义者访问了一个存在种族冲突的地区，在他访问期间，一个黑人强奸了一个白人妇女，这一罪行的结果是：发生了种族骚乱。再假设，在罪行发生的时候我们的功利主义者正好在现场，因此他的证词将会宣告某人有罪（无论他指控谁）。如果他知道尽快逮捕嫌疑人将会停止骚乱，停止对黑人处以私刑，那么作为一个功利主义者，毫无疑问他一定会得出结论，他有责任去做假证，处罚一个无辜的人。

这样的指控可能会有不好的后果——某个无辜的人可能会被定罪，但好的结果远远超过了这些不好的结果：骚乱和私刑将会停止，无数人的生命得到挽救。做伪证就能达成最好的结果，因此根据功利主义者的观点，说谎就是应做的事情。但是，论证继续，导致一个无辜的人被判死刑，这是错的。因此功利主义一定是不正确的。

根据功利主义的批评者的观点，这个论证表明了功利主义理论有一个最严重的缺陷，换句话说，它与正义的理想相矛盾。正义要求我们：根据人们在特定情况下的功过公正地对待他们。在麦克洛斯基的例子中，功利主义却要求我们不公正地对待某个人。因此，功利主义不可能正确。

权利。下面的例子出自美国联邦上诉法院，加利福尼亚 1963 年约克诉斯托里案。

1958 年 10 月，上诉人安杰利恩·约克前往奇诺警察署，对她所遭受的殴打进行指控。被上诉人罗恩·斯托里是警察署的一名警官，他打着法律要求的幌子，建议约克有必要给她拍照。然后斯托里带着约克去了警察署的一个房间，锁上门，让她脱衣服，她照做了。随后斯托里又让她做出各种各样不雅的姿势，并且拍了照。这些照片并没有被用于任何法律目的。

约克女士反对脱衣服，她向斯托里陈述了自己的观点，认为没有必要给她拍裸照，或者拍他要求做的那些姿势，因为从所有这些照片中都看不出她的瘀伤。

那个月的晚些时候，斯托里告诉上诉人，那些照片没有洗出来，他已经把它们销毁了。而事实相反，斯托里加印了那些照片，并在奇诺警察署的人员中间传阅。

约克女士对警官斯托里提起诉讼，并且赢了。她的法律权利很明显受到了侵犯。但是，这些警察行为的道德性如何？功利主义者说，如果行为产生的幸福大于不幸，行为就得到了辩护。这就建议我们比较这一行为所引发的约克的不幸福的总量与斯托里和他们那伙人的幸福的总量。至少，这里的幸福多于不幸福是可能的。在这种情况下，功利主义者会说，斯托里的行为在道德上是可接受的。但这似乎有悖常理。为什么给斯托里和他们那伙人取乐就那么重要？他们没有权利这样对待约克，并且他们在这样做的过程中很享受这一事实也不是切中肯綮的辩护。

试想一个相关案例。假设有一个名叫汤姆的偷窥者，他通过一个女人的卧室窗户偷窥她，并且暗地里拍摄了她的裸体照片。假设他这么做从来没被人发觉，并且他也没有把照片拿给其他任何人看。在这样的条件下，他的行为的唯一结果似乎只是增加他自己的幸福，没有导致任何其他人，包括那个女人的任何不幸福。那么，功利主义者怎么可能否认汤姆的偷窥行为是正当的？这再一次表明功利主义似乎是不可接受的。

关键的问题是，功利主义与下述思想不一致：人们拥有不能被践踏的权利，这些权利不能仅仅因为预期有善的结果就被践踏。在上述案例中，这个女人的隐私权受到侵犯。但是我们还可以想出类似的案例，其他权利成为讨论的焦点，比如信仰自由权、言论自由权，甚至生命权。根据功利主义，如果有足够多的人能够从践踏个人权利中获得利益，那么个人权利就可以被践踏。因此，功利主义被指责支持"多数人的暴政"：如果大多数人从侵犯某人的权利中得到快乐，那么这些权利就应该被侵犯，因为大多数人的快乐大于一个人所遭受的痛苦。然而，我们不认为我们的个人权利在道德上如此不堪。个人权利的观念不是功利的观念。恰恰相反，它是一个在如何对待个人的问题上设置了限定条件的观念，而不考虑可能达到的善的目的。

回溯过去的理由。假设你已经许诺你将做某事——比如，你向你的朋友许诺下午在咖啡店见。但是到了该去的时候，你不想去了，你需要赶一些工作，而且想待在家里。你开始发短信取消约定，但随后你想起来她刚丢了手机。你应当怎么做？假设你判断你完成自己的工作的功利稍稍大于你的朋友站在那里等你所体验到的愤怒，诉诸功利主义的标准，你可能得出结论：你待在家里任由她在咖啡店等着更好。然而，这看起来是不对的。你已经承诺去咖啡店，这个事实强加给你一个不能轻易逃避的义务。

当然，如果有巨大的危险，比如，你不得不万分火急地送你的室友去医院，你可以不守诺言。但是小的幸福超过不幸的差额不能超越你信守诺言的义务。毕竟，诺言在道德上是有意义的。因此，功利主义看起来再一次错了。

这种批评可能是成立的，因为功利主义只关心行为的结果。我们通常认为，过去的有些事实也是重要的。你对你的朋友许下诺言，这就是关于过去的事实。功利主义是有缺陷的，因为它排除了回溯过去的理由。

我们一旦理解了这一点，就能想到回溯过去的理由的例子。某人犯罪的事实是他受到惩罚的理由，某人上周曾经给你帮忙的事实可以是你下周应该帮助他的充分理由，你昨天伤害了某人的事实可能是你今天应当向他道歉的充分理由。所有这些关于过去的事实都与我们的义务相关。但是功利主义使过去成为不相关，所以它似乎是有缺陷的。

我们应该同等地关心每一个人吗

功利主义的最后一部分是我们必须同等地对待每个人的幸福，将其视为同样重要——正如穆勒所说，我们必须"像一个利益无关而慈善的旁观者那样严格地公正无私"。抽象地这样说时，这似乎是有道理的，但是其含义会让我们感到困扰。一个问题是，"同等关心"的要求对我们来说太高了；另一个问题是，它要求我们去做的事会使我们的个人关系受到破坏。

功利主义要求太高的指控。试想，你在去电影院的路上，有人指出，你将要花的钱可以用来给饥饿的人提供食物，或给第三世界的儿童接种疫苗。确实，那些人对食物和药品的需要程度远高于你对看范·迪塞尔和道恩·强森的电影的需要程度。所以你放弃你的娱乐，捐钱给慈善机构。但是，事情还没完。根据同样的推理，你不能买舒适的新鞋，不能升级你的电脑，而且你应该吃得更少，搬到更便宜的公寓去住。毕竟，什么更重要——你的奢华享受还是孩子们的生命？

事实上，严格地遵守功利主义标准会要求你放弃所有的财富，直到你和你要帮助的人一样贫穷。或者说你只需要留够能支持自己继续工作的钱，以便你能够持续地给予。虽然我们可能尊敬能够这样做的人，但是我们不认为他们只是在履行自己的责任。相反，我们认为他们是圣人，他们的慷慨早已超过了责任的要求。哲学家称这种行为为分外的行为。功利主义者似乎没能认识到这一道德分类。

问题还不只是功利主义要求我们放弃大多数的东西。它还阻止我们继续过自己的生活。我们都有使我们的生活有意义的目的和行为。但是，要求我们将一般福祉增进到可能的最大限度的伦理学会强迫我们放弃那些努力。假设你是一个网站设计者，虽不富裕但有体面的生活，你有两个孩子，你很爱他们。周末，你喜欢参加业余剧团的表演。此外，你还对历史感兴趣，阅读了大量书籍。这有什么错呢？但以功利主义的标准来衡量，你正在走向不道德的生活。毕竟，如果你把时间花在其他方面，你就会创造更多的善。

功利主义破坏我们的个人关系的指控。在现实生活中，没有人愿意同等地对待每一个人，因为它会要求我们放弃与朋友和家庭的特殊关系。我们所有的人都会在事关自己的朋友和家庭时严重地偏向他们。我们爱他们，并且全力以赴地帮助他们。对我们来说，他们不只是人类这个巨大家族中的成员，而且他们是特殊的。但所有这些，与同等地对待所有的人是不一致的。当你同等地对待所有人时，你就失去了亲密关系、爱、喜爱以及友谊。

在这一点上，功利主义似乎失去了与现实的关联。如果关心自己的配偶不比关心从未相识的陌生人更多，那会成什么样子？这个思想是很荒谬的，不只是它严重背离正常的人类情感，而且如果没有特殊的责任和义务，爱的关系甚至会不存在。如果对自己的孩子不比对陌生人有更多的爱，那会是什么样子？正如约翰·科廷厄姆所说，"在着火的大楼里，父母撇下孩子去救其他人"，因为"那个人将来对全体福祉的贡献更大，这样的父母不是英雄，而是轻视道德的对象，在道德上被排斥的人"。

为功利主义辩护

这些反对意见加起来似乎是决定性的。功利主义似乎不关心公

平与个人权利，也未考虑回溯过去的理由。如果我们根据这一理论
生活，我们会变穷，而且不得不停止爱自己的家庭和朋友。因此，
大多数哲学家放弃了功利主义。然而，一些哲学家继续支持功利主
义，他们用以下三种方式为它辩护。

第一个辩护：质疑结果。大多数反对功利主义的论证是这样
的：先描述一个情境，然后说在那种情境下，某个特定的（卑鄙
的）行为会有最好的结果，然后说功利主义提倡这种行为是错的。
然而，这些论证只有当他们描述的那些行为确实产生了最好的结果
时才成立。根据第一个辩护，那些行为并不是产生最好结果的行为。

试想麦克洛斯基的论证，在那个论证中，这个"功利主义者"
被假定为了制止骚乱会支持归罪于一个无辜的人的做法。在真实的
世界中，以这种方式做伪证会产生好的结果吗？不可能。谎言可能
被揭穿，那样的话，局势甚至会比以前更糟。即使谎言没有被揭
穿，真正的罪犯将逍遥法外，可能会犯下更多的罪行，随之而来的
是更大的骚乱。而且如果这个罪犯后来被抓住了——这总是有可能
的——这个撒谎者将会陷入更大的麻烦，刑事司法体系的公信度也
会遭到破坏。这里的道德含义是，虽然有人可能认为这样的行为会
带来最好的结果，但实际上，经验告诉我们恰恰相反：最好的结果
不会通过陷害无辜的人得到。

其他论证也一样。撒谎、侵犯他人的权利、不守诺言和切断一
个人的亲密关系，所有这些都会产生不好的结果。只是在哲学家的
想象中才不是这样。在真实的世界中，偷窥者汤姆与警官斯托里那
伙人一样，被抓起来了，而受害者承受了痛苦。在真实的世界中，

如果人们撒谎,在伤害他人的同时,自己的名誉也会受损,而如果不守诺言,不知报恩,就会失去朋友。

这是第一个辩护,不幸的是,它并不是很有效。大多数做假证一类的行为确实会产生不好的结果,但并不能说所有这类行为都会产生不好的结果。至少有时候,被一般的道德常识谴责的行为也能够产生好的结果。因此至少在有些真实生活的案例中,功利主义会与常识发生冲突。而且即使反功利主义论证不得不依靠想象中的例子,那些论证仍然有力。功利主义理论被假定用于所有的情境,当然也包括纯粹假设的情境。揭示功利主义在假想的例子中产生了不可接受的结果,是驳斥它的有效方式。第一个辩护是很脆弱的。

第二个辩护:功利原则是选择规范的指导,而不是个人行为的指南。修正一个理论的过程有两个步骤。首先,要识别这一理论的哪一方面需要修订;其次,改变这一方面,保留其余没有问题的部分。古典功利主义的哪些方面导致了麻烦?

陷入麻烦的假定是,每个人的行为都要根据功利的标准来判断。撒一个谎是否错误取决于那个谎言所产生的结果,是否应当信守诺言依赖于那个诺言所产生的结果,我们讨论过的每一个例子都是如此。如果我们关心的是特定行为的结果,那么我们总能设计出一些情境,在那些情境下可怕的行为会有最好的结果。

因此新版的功利主义修改了其理论,不再根据功利原则来判断个人行为,而是首先问:从功利主义的角度看,哪些规范是最好的?换句话说,要想使幸福最大化,什么规范是我们应当遵循的?然后,再根据是否遵循这些规范来评价个人行为。这个新版的理论被称为"准则功利主义"，以区别于原来的理论，原来的理论现在一般称为"行为功利主义"。

准则功利主义对反功利主义论证非常容易解答。当行为功利主义者面临麦克洛斯基描述的情形时，总想让某个无辜的人顶罪，因为那个特定的行为的结果将会是好的。但是，准则功利主义者不会以这种方式推理。他会首先提问：什么样的行为规范会促进最大的幸福？一个好的规范是"不要容忍陷害无辜者的假证"。这个规范简单易记，遵循它几乎总是会增进幸福。通过诉诸这一规范，准则功利主义者能够得出结论：在麦克洛斯基的例子中，我们不应该做假证陷害无辜者。

类似的推理可以用于建立关于反对侵犯人权、不守诺言、撒谎、背叛朋友等的规范。我们应当接受这些规范，因为遵守它们、把它们作为常例会促进全体福祉。因此我们不再根据行为的功利来判断行为，而是根据它是否与这些规范相一致来判断。因此，准则功利主义不会因为与道德常识相冲突而被认为是有问题的。通过从证明行为正当到证明规范正当的着重点的转换，功利主义已经与我们的直觉判断相一致。

然而，当我们问这些理想的规范是否有例外时，准则功利主义出现了严重的问题。是不是无论怎样都必须遵循这些规范？如果一个被禁止的行为能够极大地提升全体的福祉，该怎么办呢？准则功利主义者可能会给出如下三个答案。

第一，如果他说在这种情况下，我们可以违反规范，那么似乎他是想在个案的基础上评价行为。

第二，他可能会建议使规范形式化，以便使违反规范不可能增进幸福。例如，不要使用"不要容忍陷害无辜者的假证"，而是采用这样的规范："不要容忍陷害无辜者的假证，除非这样做会达成巨大的善"。如果我们以这样的方式改变所有的规范，那么准则功利主义在实践上就非常像行为功利主义，我们遵循的规范总是告诉我们选择推进最大幸福的行为。但是这样的话，准则功利主义就没有对反对功利主义的论证做出回应，就像行为功利主义一样，准则功利主义也告诉我们可以陷害无辜、不守诺言、偷窥别人等。

第三，准则功利主义者可能站在自己的立场上，说我们从不应该违反规则，即使是为了推进幸福。J. J. C. 斯马特（1920—2012）认为，这样的人患有非理性的"准则崇拜"的毛病。无论人们怎么认为，这个版本的准则功利主义并不是真正的功利主义。功利主义只关心幸福和结果。这样的理论除此之外还关心遵守规范，这样它就是功利主义与其他什么东西的混合物。正如一位作者所指出的那样，这种类型的理论变得像一只橡皮鸭，橡皮鸭非真的鸭子，这种理论也不是一种真的功利主义，所以我们不能通过诉诸这种理论来为功利主义辩护。

第三个辩护："常识"是错的。 最后，一些功利主义者对反对功利主义的论证做出了很不相同的回应。针对人们所说的功利主义与常识相冲突，这些人回应说："那又怎样？"斯马特在反思自己对功利主义的辩护时指出：

> 显然，人们得出了功利主义与通常的道德良心不相容的结论，但我倾向于持这样的观点："通常的道德良心更糟。"这就

是说，我倾向于拒绝接受检验一般伦理原则的一般方法论，即通过看它们在特定情形下如何与我们的感情相一致来检验。

这个类型的功利主义——顽固的、拒不认错的功利主义——对反功利主义论证做出了三个回应。

第一个回应：所有的价值都有一个功利主义的基础。功利主义的批评者说，功利主义理论不可能搞清楚我们最重要的价值的含义，例如爱和友谊的价值、正义和权利的价值、信守诺言的价值。以撒谎为例，批评者说，撒谎不对的主要原因与坏的结果没有关系。其原因在于撒谎是不诚实的，它背叛了人们的信任。这个事实与功利主义的福祉计算没有关系。诚实有一种超越功利主义者所能承认的价值的价值。信守诺言、尊重他人的隐私、爱自己的孩子等也是如此。

但是根据斯马特那一类哲学家的观点，我们应当认真地逐一思考这些价值，并且思索它们为什么是重要的。当人们说谎时，谎言会被揭穿，那些被欺骗的人受到伤害，并感到愤怒。当人们不守诺言时，会激怒他人，使朋友疏远自己。隐私受到侵犯的人会感到屈辱，并且想躲开其他人。当人们不比关心陌生人更加关心自己的孩子时，孩子会感到父母不爱他们，有一天他们也会不爱父母。所有这些都会降低幸福。功利主义远非与诚实、可靠、尊重、爱我们的孩子不一致，功利主义恰恰解释了为什么这些东西是好的。

而且，没有功利主义的解释，这些责任似乎难以理解。有什么能比说撒谎"本身"就是错的——除了它所造成的伤害——这样的想法更奇怪？人们怎么能拥有"隐私权"——除非尊重这些权利会给他们自己带来利益？根据这种思路，功利主义不是与常识不相容，相反，功利主义证明了我们所拥有的常识的价值。

第二个回应：当情况属于例外时，我们的内在反应便不足以相信。虽然有些不正义的情况有利于公共的善，但那些情况是例外。撒谎、不守诺言和侵犯隐私通常导致的是不幸福，而不是幸福。这一观察成为另一种功利主义做出回应的基础。

再来考虑麦克洛斯基的被诱使做假证的那个人的例子。为什么我们会不假思索并且直觉地认为陷害无辜者、做假证是错误的？有些人说，这是因为纵观我们的生活，我们已经看到了这样的欺骗导致的悲惨和不幸。于是，我们直觉地谴责所有的谎言。但是当我们谴责那些带来好处的谎言时，我们的直觉失效了。经验教导我们要谴责说谎，因为它会降低幸福。然而，现在我们正在谴责能够推进幸福的说谎。当我们面对这些不同寻常的例子，例如麦克洛斯基的例子，也许我们应该相信功利主义的原则而不是我们的直觉。

第三个回应：我们应当聚焦于全部结果。当我们被要求考虑一种能使幸福最大化的卑劣行为时，这一行为经常被以这种方式呈现给我们：鼓励我们聚焦于它的坏的效果，而不是好的效果。相反，如果聚焦于这一行为的全部效果，功利主义可能更有道理。

现在再想一想麦克洛斯基的例子。麦克洛斯基说，判一个无辜者有罪是错的，因为它不公正。但是如果骚乱和私刑继续，其他会被伤害的无辜者该怎么办呢？那些被暴徒殴打和折磨的人该怎么办呢？如果这个人不撒谎，那些将会遭受杀戮的人又该怎么办呢？孩子将失去他们的父母，父母将失去他们的孩子。当然，我们从来不想面对这样的情境。但是如果我们必须在判定一个无辜者有罪和让几个无辜者死亡之间进行选择，认为第一个选择更好就如此违反常理吗？

再考虑一下批评功利主义要求得太多的反对意见，因为功利主义要求我们将我们的资源用于向饥饿的儿童提供食品，而不是用在我们自己身上。如果我们把自己的想法聚焦在那些饥饿的人身上，功利主义的要求看起来还是那么不合理吗？说功利主义"要求太多"，而不是说我们应当给予更多的帮助，我们是不是太自私了？

这个策略在有些情境下比另一些情境下要更有效。想想偷窥者汤姆，毫无歉意的功利主义者甚至会说，我们应当考虑到他从窥视毫无戒备的妇女中所得到的快乐，而不是谴责他。如果他未被发现，有什么伤害呢？为什么他的行为应当受到谴责？虽然功利主义者做出如此论证，大多数人还是谴责他的行为，正如斯马特所认为的，功利主义与常识并不完全一致。功利主义是否需要与常识一致还是一个问题，尚无定论。

结论

如果我们问，什么是斯马特所说的"通常的道德良心"，似乎有很多考虑，而不是功利在道德上是重要的。但是斯马特警告我们不能相信"常识"，他是对的。这可能是功利主义最伟大的贡献。我们只要思考一下就会发现，道德常识的缺陷是显而易见的。很多白人曾经感到，白人和黑人有着重大区别，所以白人的利益无论如何都是更重要的。由于相信他们那个时代的"常识"，他们可能坚持认为一个充分的道德理论应当容纳这一"事实"。今天，没有一个人认为这样的聒噪值得一听，但是谁知道还有多少其他非理性的偏见仍然是我们道德常识的一部分？瑞典社会学家贡纳尔·默达尔（1898—1987）在他关于种族关系的经典研究著作《美国困境》（*An American Dilemma*，1944）一书的结尾处提醒我们：

> 肯定还有其他无数同类的错误，活着的人不可能觉察到，因为西方文化模式的迷雾包裹着我们。文化影响力已经建立了我们对精神、肉体以及我们诞生于其中的宇宙的假定，提出我们提出的问题，影响我们追寻的事实，决定我们对这些事实的解释，指导我们对这些解释和结论做出的反应。

例如，有没有这种可能：未来的一代将会厌恶地回顾这样的情形：在 21 世纪，很多人享受自己的舒适生活，而第三世界的孩子却死于很容易预防的疾病？或者厌恶地回顾我们圈养并屠杀无助的动物的情形？如果有这种可能，他们可能就会注意到，功利主义哲学家走在时代的前列，谴责这类事情的发生。

资料来源

"功利主义学说是这样的学说，它认为幸福是值得欲求的……"，见 John Stuart Mill，*Utilitarianism*（1861，也见于各种重印本）第 4 章第 2 段。

G. E. 穆尔关于内在价值的讨论见 *Principia Ethica*（Cambridge：Cambridge University Press，1903）最后一章。

麦克洛斯基讲述的功利主义倾向于忍受做假证的例子出自他的论文 "A Non-Utilitarian Approach to Punishment"，*Inquiry* 8（1965），pp. 239 - 255。

"像一个利益无关而慈善的旁观者那样严格地公正无私"，见 John Stuart Mill，*Utilitarianism*（1861）第 2 章第 18 段。

约翰·科廷厄姆的引文见他的文章 "Partialism，Favouritism and Morality"，*Philosophical Quarterly* 36（1986），p. 357。

斯马特的引文见 J. J. C. Smart and Bernard Williams，*Utilitarianism：For and Against*（Cambridge：Cambridge University Press，1973），p. 68。关于规则崇拜的讨论见第 10 页。

Frances Howard-Snyder，"Rule Consequentialism Is a Rubber Duck"（《规则功利主义是一只橡皮鸭》），*American Philosophical Quarterly* 30（1993），pp. 271 - 278.

Gunnar Myrdal，*An Americal Dilemma：The Negro Problem and American Democracy*（1944，也见于各种重印本）.

第 9 章 有没有绝对的道德规范

你不可以做恶以成善。

——圣保罗：《罗马书》（公元 50 年）

哈里·杜鲁门与伊丽莎白·安斯康姆

作为做出向广岛和长崎投放原子弹决定的人，美国第 33 任总统哈里·杜鲁门将永远被人们记住。当他 1945 年成为总统的时候，由于富兰克林·D. 罗斯福的去世，杜鲁门完全不知道这种爆炸物的进展，不得不由总统顾问向他提供这些情况。他们说，联军将要在太平洋赢得战争了，但是代价巨大。已经做好了登陆日本的准备，但是代价甚至会比诺曼底登陆更为血腥。然而在日本一两个城市投放原子弹，可能会使战争迅速结束，没有必要登陆。

杜鲁门一开始不愿意使用新武器，因为每一颗原子弹都会毁灭整个城市——不只是军事目标，还有医院、学校和民宅。妇女、儿童、老人和其他非战斗人员，都会和战斗人员一样被清除。虽然联军以前也轰炸过城市，但杜鲁门感到新式武器会使非战斗人员的死亡问题变得更为尖锐，而且美国曾公开谴责袭击平民目标。在 1939 年美国参战之前，罗斯福总统曾经向法国、德国、意大利、波兰、英国政府提交正式公文，以最强烈的措辞谴责炮击城市，称之为"惨无人道的野蛮行径"：

> 平民的上空的无情炮击……已经造成了数千毫无抵抗能力的男人、女人、儿童的死亡和伤残，这使每一个文明的男人和女人感到痛心，深深地震撼了人类的良知。如果在世界面临悲剧性的大灾难期间，采用这种惨无人道的暴行，那么成百上千的对爆发的战争毫无责任的无辜平民，他们甚至完全没有参与这场战争，却将失去他们的生命。

在决定授权实施轰炸时，杜鲁门表达了同样的思想。他在日记中写道："我已经告诉战争部史汀生先生，把军事目标和士兵、海军作为目标，而不是把妇女和儿童作为目标……目标将会是纯军事目标。"由于杜鲁门知道轰炸将会毁掉整个城市，很难知道他写的这些是什么意思。然而有一点是清楚的，他很担忧非战斗人员的问题。

还有一点也是清楚的，那就是杜鲁门确信他的决定是正确的。

英国的战时领袖温斯顿·丘吉尔在原子弹投下之前曾经与杜鲁门有过短暂的会晤，"是否使用原子弹的决定"，他后来写道，"……甚至不是一个问题，在谈判桌上，对此有着完全的一致，而且是不假思索、不容置疑的一致。"签署了那个最终命令以后，杜鲁门说他"睡得像个孩子"。

伊丽莎白·安斯康姆死于 2001 年，在第二次世界大战开始的时候，她刚刚 20 岁，是牛津大学的学生。那时，她与人合写了一本小册子，讨论英国应不应该参战，因为处于战争中的国家将不可避免地会以非正义的方式结束战斗。人们一直称呼她为"安斯康姆小姐"，尽管她有着 59 年的婚姻，并且有七个孩子，她后来成为 20 世纪最杰出的哲学家，或许也是历史上最伟大的女性哲学家。

安斯康姆小姐是一名天主教徒，而且宗教是她生活的中心。她的伦理学观点反映了传统的天主教教义。1968 年，在教皇保罗四世发布关于禁止避孕的禁令之后，她撰写了一个小册子，解释为什么人为控制生育是错的。在她生命的后期，她曾经因为在英国一个实施堕胎手术的诊所外面抗议而被捕。她还接受了教会关于战争的伦理行为的教诲，而这使她与杜鲁门产生了冲突。

1956 年，哈里·杜鲁门与伊丽莎白·安斯康姆有了交集。牛津大学为感谢美国在战争期间的帮助而计划授予杜鲁门荣誉学位。那些建议授予这一荣誉的人认为，这是没有争议的。但安斯康姆和另外两名教职人员反对授予杜鲁门学位，虽然他们的反对失败了，他们还是迫使学校进行了可以做其他选择的投票，当然这种投票的结果原本就会是橡皮图章式的批准。之后，在授予学位的时候，安斯康姆跪在大厅的外面祈祷。

安斯康姆还写了另一本小册子，这次她解释说，杜鲁门是一个凶手，因为他下令轰炸广岛和长崎。当然，杜鲁门认为轰炸有正当的理由——它缩短了战争，挽救了生命。但对安斯康姆来说，这远远不够。安斯康姆写道，"对人来说，选择将伤害无辜作为达到他们目的的手段"，"永远都是在进行谋杀"。针对轰炸挽救的生命要比它夺去的生命更多的论证，她回应道："现在来看吧，如果你不得不在烫死一个孩子和让一些巨大的灾难降临到 1 000 人身上——或者100 万人，如果 1 000 人不够的话——之间进行选择，你会选哪个？"

安斯康姆的例子是恰当的。炸弹在广岛爆炸，烧着了半空中的鸟，也导致了婴儿被烫死：人们徒劳地想躲开热浪，却淹死在河流里、水库里、蓄水箱里。安斯康姆的观点是，有些事情无论怎样都不可以做。我们是否通过烫死一个孩子来完成巨大的善，这无关紧要，这样做本身就是错的。安斯康姆相信很多这样的规范。她说，在任何条件下，我们都不可故意杀害一个无辜者，不可崇拜偶像，不可进行虚假的信仰表白，不可鸡奸、通奸，不可因某人的行为而惩罚另一个人，也不可背叛。背叛被她描述为"在重要的事情上，通过承诺忠于友谊来得到别人的信任，之后又把朋友出卖给他的敌人"。当然，这是安斯康姆所列的清单，其他人可能会信仰不同的、没有例外的或者"绝对的"道德规范。

绝对命令

"道德规范没有例外"的思想很难自圆其说。解释我们为什么应当允许规范有例外是很容易的。我们可以简单地指出，在某些情况下，遵从这些规范会产生极为恶劣的后果。我们怎么能够在这样的条件下，为不违反规范辩护？这是一个让人望而却步的任务。我们可以说，道德规范是上帝神圣不可侵犯的命令。除了这个，我们还能说什么？

在 20 世纪之前，有一位大哲学家，他认为道德规范是绝对的。这个大哲学家就是伊曼努尔·康德（1724—1804）。他论证了无论在什么情况下撒谎都是错的。他没有诉诸神学，而是坚持认为理性本身禁止我们说谎。为了弄清楚他是如何得出这个著名的结论的，我们可以先概述他关于伦理学的一般理论。

康德注意到，人们经常并非在道德意义上使用"应该"这个词，例如：

● 如果你想成为更好的国际象棋手，你应该研究马格努斯·卡尔森的比赛。

● 如果你想上大学，你应该通过 SAT①。

我们的很多行为都被这样的"应该"所约束。其模式是这样的：我们有某一欲望（成为更好的棋手、上大学），我们认识到，某个行为过程（研究马格努斯·卡尔森的比赛、通过 SAT）会帮助我们得到我们想要的，所以我们按计划行事。

康德称这些为"假言命令"，因为它们告诉我们，如果我们有相关的欲望我们该做什么。一个人如果不想提高他的棋艺，就没有

---

① 指 Scholastic Aptitude Test，即学术才能测验，是美国大学录取中的一个标准化测试。——译者注

理由去研究马格努斯·卡尔森的比赛。一个人如果不想上大学，就没有理由去考 SAT。因为"应该"的约束力取决于我们有相关的欲望，所以我们可以通过放弃相关的欲望来逃避它的约束力。例如，我可以通过决定不想上大学来避免参加 SAT 考试。

相反，道德义务不取决于我们特定的欲望。道德义务的形式不是"如果你想要某个结果，那么你就应该做某事"。道德要求是绝对的，它是这样的形式："你应当做某事。完毕。"例如，道德规范不是这样的：你应该帮助他人，如果你在乎他们，或者如果你想成为一个好人。相反，它是这样的：你应该帮助他人，不管你的欲望是什么。道德要求不能通过说"但是我不在乎那个"来加以回避，原因就在于此。

假言的"应该"是容易理解的，它们只是告诉我们为了达到目的必须做什么。相反，绝对命令是神秘的。我们怎么就有义务不考虑我们想要达到的目的是什么就按照特定的方式行动？康德给出了一个答案。正如因为我们有欲望，所以假言的"应该"是可能的；同样，因为我们有理性，所以绝对的"应该"也是可能的。康德说，绝对的应该产生自每个理性的人都必须接受的原则：绝对命令。在《道德形而上学的奠基》（*Foundations of the Metaphysics of Morals*，1785）一书中，他对绝对命令做了如下表达："只根据你决意依据同时成为普遍法则的准则而行动。"

这一原则提供了辨别一种行为在道德上是否被允许的方法。当你正在思考做某件事情时，你要问：如果你确实在做这件事，你会遵循什么样的规范？这个规范就是你行动的"准则"。然后，你要问：你是否愿意让你的准则成为普遍法则？换句话说，你是否愿意让你的规范被所有的人在所有的时刻所遵循？如果是这样，你的规则是有道理的，并且这一行为是可以接受的。如果不是这样，你的行为就是被禁止的。

康德举了几个例子来解释它是如何运作的。假设有一个人需要借钱，但是没有人会借给他，除非他承诺还钱——他知道他没有能力还钱。为了得到这笔钱，他是不是应该做一个虚假的承诺呢？如果他打算这样做，他的行为准则是：每当你需要借钱时，就许诺会还钱，即使你知道自己实际上没有能力还钱。现在，这个准则能够成为普遍法则吗？显然不能，因为它会弄巧成拙。一旦它变成了普遍的实践，就没有人会相信这样的许诺，所以没有人会基于这样的承诺而借钱给别人。

康德的另一个例子与给予帮助有关。假设某人拒绝帮助需要他帮助的人，并对自己说："这和我有什么关系？让每个人都管好自己吧。"这又是一个我们不愿意让它成为普遍法则的规范。因为在我生命的某个时刻，我们自己也会需要其他人的帮助，我们不想让别人对自己如此冷漠。

康德关于撒谎的论证

根据康德的观点，我们的行为应该为"普遍法则"——在任何情况下都适用的道德规范——所指导。康德认为，有很多这样的没有例外的道德规范。我们将集中探讨不撒谎的规范，康德对此有着特别强烈的情感表达。他说，撒谎在任何条件下都是"对人类尊严的抹杀"。

康德为不撒谎的绝对规范或者说无例外的规范提供了两个主要论证。

（1）他的主要论证依赖于绝对命令。康德说，我们不会让撒谎成为普遍法则，因为它会弄巧成拙。一旦撒谎变得普遍，人们就不会再彼此信任。谎言就会变得没有意义，在某种意义上说谎也就变得不可能了，因为没有人会在意撒谎的人在说什么。因此康德推论出，撒谎是不能被允许的。所以，禁止在任何情况下撒谎。

这个论证有些问题，举个例子就可以更清晰地说明这一点。假设为了挽救一个人的生命有必要撒谎，我们应该这么做吗？康德会给我们这样的理由：

● 我们应该只实施这样的行为，它符合我们能够决意普遍接受的规范。

● 我们如果撒谎，会遵循"撒谎是被允许的"这一规范。

● 这个规范不可能被普遍接受，因为它会弄巧成拙——人们不再彼此信任，那撒谎就没有用了。

● 因此，我们不应该撒谎。

虽然安斯康姆同意康德的结论，但她还是很快指出了他的推理中的错误。问题在于第二步。为什么我们应该说，你如果撒谎，会遵循"撒谎是被允许的"这一规范？也许你的准则是："当撒谎能够挽救一个人的生命时，撒谎是被允许的。"这个规范不会弄巧成拙，它可以成为一个普遍的法则。因此根据康德自己的理论，对你来说，撒谎是对的。这样，康德关于撒谎总是错的这一信念似乎不符合他自己的道德理论。

（2）很多与康德同时代的人认为，他关于绝对规范的主张是奇怪的。一位评论家用这样一个例子挑战他的观点：试想某人正试图从杀人犯那里逃脱，并且告诉你，他要回家藏起来。然后，这个杀人犯跑过来了，问你那个人在哪儿。如果你说真话，你就是在帮这个杀人犯。而且假设这个杀人犯跑对了方向，即使你保持沉默，结果也是一样的。那么，你应该怎么做？我们可以把它称为"问路的杀人犯"的案例。在这种情况下，我们大多数人会认为，你应当撒谎。毕竟，撒谎和挽救生命，哪个更重要？

康德在一篇论文中以一个有吸引力的老式标题《论出于利他动机而撒谎的假设权利》（On a Supposed Right to Lie from Altruistic）对这个问题做出了回应。在这篇文章中，他给出了反对撒谎的第二个论证。他说，也许那个逃跑的人实际上已经离开了他的家，你说的真话把杀人犯引向了错误的方向。然而如果你撒了谎，他可能到处搜寻并且找到已经离开那个地方的逃跑者，在这种情况下你就要对他的死负责。康德说，无论谁撒谎，"都一定要为结果负责，无论结果是多么不可预见，都要为此遭到惩罚。"康德以一个教导者的坚定语气表述了他的结论："因此，诚实，在所有的宣言中都是神圣的，并且是理性要求的绝对命令，不受任何权宜方案的限制。"

这个论证可以以更一般的形式来阐述：我们受到诱惑，想让不撒谎的规范可以有例外，因为在某些情况下，我们认为诚实的结果是不好的，而撒谎的结果是好的。然而，我们从来不能确定行为的结果会是什么——我们不可能知道好的结果一定会随之而来，撒谎的结果也可能出乎预料地不好。因此，最好的策略是避免已知的恶——撒谎，让可能的结果尽管发生好了。即便结果是坏的，也不是我们的错，因为我们决意尽我们的责任。

一个相似的论证可以用于杜鲁门所做的在广岛和长崎投下原子弹的决定。投下炸弹是希望结束战争。但是，杜鲁门并不确定地知道会发生什么，日本人可能已经被打趴下了，而登陆仍然是必要的。所以杜鲁门只是出于希望出现好的结果而赌上了成千上万人的生命。

这个论证的问题也很明显——实际上是如此明显，令人吃惊的是，像康德这样有才华的哲学家，竟然对其中的问题不甚敏感。首先，这个论证依赖于对我们能知道什么这个问题所持的不合理的悲观观点。有时，我们能够非常确信行为的结果会是什么，在这样的情况下，我们不必因为不确定性而犹豫。而且——这一点在哲学上更有意义——康德似乎假定，我们虽然会承担撒谎所造成的坏结果的道德责任，但不承担说真话所造成的任何坏结果的类似责任。假设我们说真话的结果是，杀人犯找到了那个人并且杀了他，康德似乎假定我们对此没有责任，但是我们怎么能够如此轻易地逃脱责任？毕竟，是我们告诉了那个杀人犯应该往哪走。所以，这个论证也是不能令人信服的。

因此康德失败了，他没能证明撒谎总是错的。"问路的杀人犯"

的案例表明了康德做了一个多么困难的选择。虽然康德认为任何谎言都是"对人类尊严的抹杀"，但根据一般常识，有些谎言却是无害的。事实上，我们给了这些谎言一个名字：善意的谎言。当它们可以用来挽救生命时，难道善意的谎言也是不可接受的吗？难道在这种情况下善意的谎言不是必需的吗？这就指出了信奉绝对规范的主要困难：当伴随规范而来的是巨大的灾难，规范仍然不可违反吗？

规范之间的冲突

假设人们坚持，做 X 在任何情况下都绝对是错的，并且做 Y 在任何情况下也绝对是错的，那么，当一个人必须得在做 X 和做 Y 之间进行选择时会怎么样呢？这种冲突似乎表明道德规范不可能是绝对的。

来思考一个例子。假设我们相信故意杀害无辜总是错的，让人遭受可怕的痛苦却没有任何利益补偿也总是错的，现在来思考 2005 年新奥尔良的医疗人员所面临的局面。卡特里娜飓风抵达新奥尔良，人们纷纷逃离，一支由医生和护士组成的骨干队伍留在了纪念医疗中心，照顾那些无法撤离的病人。一天以后暴风雨袭来，形势还在可掌控的范围内。城市停电了，但医院的备用发电机启动，机器仍在轰鸣。然而，急需的援助并没有到来。第二天，发电机失灵了，医院也停电了，空气闷热。"水龙头里的水停了，厕所堵住了，污水的恶臭和数百个未洗澡的身体的体味混杂在一起。"一个记者后来写道。第三天，仍在坚守的医生和护士整天在这样的条件下进行着繁重的劳动，没有吃的，睡不了觉。

此时，医疗人员面临着艰难的两难困境：是对其余的危重病人实施安乐死，还是任由他们遭受痛苦直到死亡，没有第三个选择。医院的条件是很恐怖的，而且也不可能对病人进行疏散，很多病人甚至在飓风来临之前就已经濒临死亡。因此，要么杀害无辜，要么造成不必要的痛苦，这两条"绝对"原则之一不得不被违背。（实际情况是，事后进行的调查表明，有二十多名病人被执行了安乐死。医生安娜·普因四项二级谋杀罪被捕，但最终所有的指控均被撤销了。）

难道这样的两难不能证明没有绝对的道德规范吗？这个论证令人印象深刻，但是它也很有局限性。这个论证只在针对成对的绝对道德规范时才有用，制造冲突需要两条规范。仍然有可能有单独一条的绝对规范。例如，在新奥尔良的经验中，永远不要故意杀害一个无辜者仍然可能是在所有条件下都要坚持的一条规范，同样，在没有任何补偿的情况下永远不要让人遭受可能的痛苦也是一条这样的规范。然后两条规范不可能同时绝对，必须做出选择。

康德的洞见

很少有当代哲学家会为康德的绝对命令辩护，然而太快地放弃它可能也是错误的。正如阿拉斯代尔·麦金太尔所评论的："对很多从未听说过哲学，更不用说康德的人来说，道德大概就是康德说的那种东西。"这就是说，它是出于责任感而必须遵循的规范体系。即使我们不相信绝对的道德规范，在绝对命令的背后是否也有我们能够接受的基本思想？我相信是有的。

请记住，康德认为绝对命令对理性的行为者有约束力，只是因为他们是理性的，换句话说，不能接受这一原则的人是有过失的，不仅是不道德的，也是不理性的。这是一个强制性的观点，但是这究竟意味着什么？在什么意义上，拒绝绝对命令是不理性的？

请注意，道德判断必须基于充分理由。如果你应该（或不应该）做某事是真的，那么就一定有你应该做（或不应该做）的理由。例如，你可能认为你不应该在森林中放火，因为这样会造成财产损失、人员伤亡。康德主义者的新观点在于，它指出，如果你在一种情况下接受把某一考虑作为理由，你一定得在其他情况下也接受把它作为理由来考虑。如果在另一种情况下会造成财产损失、人员伤亡，在那种情况下你也要把它作为行动的理由。你在某些情况下可以接受某些理由，但不总是如此，或者说其他人必须尊重这些理由，而你不尊重它们，这不是善的。道德的理由如果确实是有效的，那么它对所有的人在所有的时候都有约束力。这是一个融贯的要求，康德认为没有哪个理性的人能够否认它，这是对的。

这一洞见具有重要意义。它意味着从道德的角度看，一个人不能认为自己特殊，他不能融贯地认为，他可以以对别人来说是禁止的方式行事，或者他的利益比其他人的利益更重要。正如有人所指出的：我不能说我喝你的啤酒是可以的，你喝我的啤酒时我却抱怨。如果不是康德首先认识到这一点的，那么也是他首先使之成为完全有效的道德体系的柱石的。

但是康德又继续向前走了一步，他说，融贯性要求规范没有例外。人们可以看明白他的基本思想是如何将他推向这个方向的，但是这多余的一步是不必要的，也给他的理论带来了麻烦。甚至在康德的框架之内，规范也不必是绝对的。康德所有的基本思想都要求，当我们违反一条规范时，我们因这样的理由而这样做，即我们愿意任何和我们处于同样境地的人接受它。这意味着，我们可以违反不撒谎的规范，如果我们愿意当任何人面临同样的情况时都这样做。我们中的大多数人也同意这一点。

杜鲁门总统可以说，任何处于他的位置的人，都有充分理由投下炸弹。因此即使杜鲁门是错的，康德的论证也无法证明这一点。有人可能说，投下原子弹是错的，因为对他来说，他有更好的选择。比如，他可以通过在无人区投放炸弹来向日本人展示炸弹的威力，然后谈判就可能成功。也许即使没有日本人的投降，在战争的那一节点联军也可以轻而易举地宣布胜利。然而，这样说与说杜鲁门违反绝对规范是两回事。

资料来源

富兰克林·罗斯福的引文出自他的信件 *The President of the United States to the Governments of Frace，Germany，Itaty，Poland and His Britannic Majesty*，September 1，1939。

哈里·杜鲁门的日记摘要引自 Robert H. Ferrell，*Off the Record：The*

Private Papers of Harry S. Truman（New York：Harper and Row，1980），pp. 55 – 56。

丘吉尔的引文出自 Winston Churchill，*The Second World War*，*vol*. 6：*Triumph and Tragedy*（New York：Houghton Mifflin Company，1953），p. 553。

安斯康姆的小册子"The Justice of the Present War Examined"和"Mr Truman's Degree"，均见 G. E. M. Anscombe，*Ethics*，*Religion and Politics*：*Collected Philosophical Papers*，vol. 3（Minneapolis：University of Minnesota Press，1981），pp. 64，65。她的"Modern Moral Philosophy"也在那一卷，pp. 26 – 42［原始出处为 *Philosophy*33，no. 124（January 1958），pp. 1 – 19］，p. 27（对康德的批评）和 p. 34（关于绝对道德规范的例子）。

关于广岛，见 Richard Rhodes，*The Making of the Atomic Bomb*（New York：Simon & Schuster，1986），p. 715（鸟在燃烧），pp. 725 – 726（人们在水中死亡）。

康德对绝对命令的论述出自他的 *Foundations of the Metaphysics of Morals*，translated by Lewis White Beck（Indianapolis：Bobbs-Merrill，1959），p. 38（2：421）。

康德的"论出于利他动机而撒谎的假设权利"，见 *Critique of Practical Reason and Other Writing in Moral Philosophy*，translated by Lewis White Beck（Chicago：University of Chicago Press，1949）。引文出自 p. 348（Ⅷ，427）。

关于新奥尔良的困境，请阅读 Sheri Fink，"The Deadly Choices at Memorial,"*The New York Times*，August 25，2009。

麦金太尔对康德的评论出自他的 *A Short History of Ethics*（New York：Macmillan，1966），p. 190。

第 10 章 康德与对人的尊重

有什么人会不尊重人吗？

——乔瓦尼·皮科·德拉·米兰多拉：《论人的尊严》（1486）

康德的核心思想

伊曼努尔·康德认为，在被造物中，人类占据着特殊的地位。当然，他并不是唯一这样认为的人。从古代开始，人类就认为自己与其他动物有着根本的不同——并且不只是不同，而且是更好。事实上，人类有认为自己相当出色的传统。康德当然也是如此。根据

他的观点，人类有着"内在的价值"或"尊严"，这使他们具有
"无上价值"。

康德认为，其他动物只有服务于人类的目的的价值。在《伦理
学讲演》（*Lecture on Ethics*，1779）一书中，康德写道：

> 但是只要与动物相关，我们就没有直接的责任。动物……
> 只是达到目的的手段，而那个目的是人。

因此我们可以以任何我们喜欢的方式利用动物，甚至没有"直
接的责任"来约束我们不去虐待它们。康德确实也谴责虐待动物，
但不是因为它们会被伤害，而是为我们人类自己而忧心："对动物
残忍的人在与人打交道时也会变得特别狠心。"

当康德说"人类的价值是'无上的'"时，他并没有夸大其词。
他的意思是，人是无可替代的。如果一个孩子死了，这是一个悲
剧，即使又会有另一个孩子在这个家庭中诞生，这个孩子的死亡还
是一个悲剧。另一方面，"纯粹的事物"是可以替代的。如果你的
打印机坏了，只要再弄一台打印机就行了。而人，康德认为，具有
那些纯粹的事物所不具有的"尊严"。

康德认为，有两个关于人的事实可以支持这个判断。

首先，因为人有欲望，能够满足人类欲望的事物对人而言有价
值。相反，"纯粹的事物"仅仅在促进人类达到目的的情况下才有
价值，并且是人类的目的赋予了它们价值。因此如果你想成为一个
好的扑克玩家，关于扑克的书对你有价值；但是如果你没有这样的
目的，这本书就没有价值。或者如果你想去什么地方，汽车对你有
价值；但是如果你没有这样的欲望，汽车就没有价值。

康德认为，纯粹的动物太低等，以至于它们没有自觉的欲望和目的，因此它们只是"纯粹的事物"。例如，康德不认为牛奶对想喝它的猫有价值。但是，今天我们对动物的精神生活的印象比康德对它的印象更为深刻。我们相信非人动物有欲望和目的。所以也许从康德主义的立场出发，我们也有理由说动物不只是"纯粹的事物"。

然而，康德的第二个理由不能应用于动物。康德说，人类有着"内在的价值"，即"尊严"，因为他们是理性的行为人。也就是说，自由的行为人能够做出自己的决定，确定自己的目的，用理性指导自己的行为。康德认为，对理性的动物而言，道德善能够存在的唯一方式是，根据善良意志行动——也就是说，理解什么是他们应该做的，并且根据责任感去做他们应该做的。人是地球上唯一的理性行为人，非人的动物缺乏自由意志，而且不能"以理性指导它们的行为"，因为它们的理性能力太有限了。因此，如果没有人，世界的道德维度就会消失。对康德而言，关于人的第二个事实特别重要。

因此，康德认为，人不仅仅在万物中间有价值，而且需由人来做出价值评价，唯有他们的自觉行为具有道德价值。人类凌驾于万物之上。

这些思想是康德道德体系的核心。康德认为，我们所有的责任产生于一个最高原则，他称之为绝对命令。康德给予这个原则以不同的形式，但归结于一点，它可以表述如下：

> 如此行动，无论是你个人人格中的人性，还是其他人人格中的人性，你要永远只将其当作目的，绝不可仅仅作为手段。

因为人类如此有价值，道德要求我们这样对待他们："永远只将其当作目的，绝不可仅仅作为手段"。这意味着什么？为什么人应该这样认为？

把人"作为目的"来对待意味着在最肤浅的层次上对他们好。我们必须促进他们的福祉，尊重他们的权利，避免伤害他们，并且通常总是"努力尽我们所能，促进其他人的目的的实现"。但康德的思想还有更深的含义。把人作为目的来对待的要求是尊重他们。因此，我们从不可以操纵人，或者"利用"人来达到我们的目的，无论那些目的有多么好。康德举了一个例子：假设你需要钱，你想要借一笔钱，但是你知道你没有能力偿还它。在绝望中，为了得到那笔钱，你考虑跟你的朋友说你会还钱。你可以这样做吗？也许你需要钱是出于一个善良的目的——事实上，这个目的如此善良，以至于你使自己相信，撒谎是有正当理由的。然而你不应该对你的朋友撒谎，你如果这么做，就是操纵他，并把他"作为手段"来利用他。

反过来，把你的朋友"作为目的"来对待是什么样的呢？你说真话——你告诉他你需要这笔钱，并且你没有能力偿还，你的朋友可以自己决定借不借给你那笔钱。他可以运用自己的推理能力，考虑自己的评价和希望，做出自由的选择。如果他决定因为你说的那个目的而借给你钱，他就选择了使那个目的成为他自己的目的。因此你就不是利用他作为达到你的目的的手段，因为那个目的现在也是他的目的。因此，对康德而言，把人作为目的来对待，就是将人作为"能够将同一行为的目的包含于自身之中的存在者"。

当你对你的朋友说真话，并且他借给你了那笔钱，你正是在把他当作手段以得到那笔钱。然而，康德并不反对把人当作手段来对待，他反对的是把人只当作手段。考虑一下另一个例子：假设你浴室的水槽坏了，可不可以叫水管工来呢？这是将水管工作为疏通下水道的手段"利用"。康德也认为这没有问题，毕竟，水管工了解情况，你不是在欺骗或操纵他。他可以自由地选择是否帮你疏通下水道以获得酬劳。你虽然是把水管工当作手段，但也以尊重待他，将其"自身作为目的"。

把人作为目的对待，并且尊重他们的理性能力，也有其他的含义。我们不应该强迫成年人做违背他们的意愿的事，相反，我们应该让他们做出自己的决定。因此，我们应该警惕那些旨在保护人免受自身伤害的法律——例如要求人们系好安全带、戴好头盔的法律。我们也不应该忘记，尊重人也要求尊重我们自己。我们应该关照好自己、发展自己的潜能，我们应该比只是顺其自然做得更多。

康德的道德体系不容易把握。为了更好地理解它，我们来看看康德如何将他的思想应用于刑罚实践。我们将在本章接下来的部分讨论这个例子。

惩罚理论中的报复与功利

杰里米·边沁说："所有的惩罚都是伤害：所有的惩罚本身都是恶。"边沁抓住了要点，作为一个社会，我们通过罚款、监禁，有时甚至通过死刑来进行惩罚。惩罚，就其本性而言，就包含施加伤害，伤害人怎么可能是对的呢？

传统的回答是，惩罚作为一种"回报"罪犯恶行的方式而具有正当的理由。那些犯下罪行的人应受恶待。这是关于正义的问题：如果你伤害了其他人，正义就要求你也被伤害。正如古谚所说："以眼还眼，以牙还牙。"根据报应主义学说，这是惩罚的主要正当理由。

根据边沁的观点，报应主义是完全不能让人满意的思想，因为它提倡施加痛苦，却在赢得幸福方面没有任何补偿。报应主义会使我们增加而不是减少世界上不幸的总量。康德则是一位报应主义者，他公开地拥护这种思想观点。在《实践理性批判》（*The Critique of Practical Reason*，1788）一书中，他写道：

> 然而，如果以让爱好和平的人们感到烦恼和困扰为乐的人最后受到公正的、合乎道德的打击，这当然是不幸的。但是每一个人都赞同它，并且把它本身看作善的，即使它不会产生进一步的结果。

惩罚可能会增加世界上不幸的总量，但那也是完全正确的，因为额外的痛苦是由那些应得这份痛苦的人来承受的。

功利主义采取了完全不同的进路。根据功利主义，我们的责任是去做增加世界上幸福总量的任何事。惩罚从表面上看是"一种恶"，因为它使被惩罚的人不幸福，因此作为一个功利主义者，边沁说："如果它应该被允许，那么它只在能够排除一些更大的恶的情况下才被允许。"换句话说，惩罚可能被证明有正当理由，只要它产生了足够多的善，并且超过了它所做的恶。功利主义在传统上认为惩罚确实如此。如果某人违反了法律，那么惩罚那个人可能会以以下几种方式有益于社会。

首先，惩罚为受害者和他们的家庭提供了安慰和满足。人们有一种非常强烈的情感，觉得那些行凶、强奸、抢劫他们的人不应该逃之夭夭。当受害者知道攻击他们的人仍在街头的时候，他们会生活在恐惧中。哲学家有时会忽略惩罚的这一正当理由，但是它在我们的法律体系中扮演着主要角色。法官、律师和陪审员经常想知道受害人想要什么。特别是，警察是否逮捕罪犯、地方检察机关是否起诉案件经常取决于受害者的愿望。

其次，通过拘禁或者处死罪犯，我们能够使他们远离街面。街上的罪犯更少，犯罪也会更少。通过这种方式，监狱保护了社会，并且因此减少了不幸。当然，这个正当理由不适用于惩罚那些还自由的违法者，比如被判处执行社区服务的缓刑的罪犯。

再次，惩罚实践通过威慑想要犯罪的人而有助于减少犯罪。一些受到诱惑将要实施犯罪的人，如果知道他们将会受到惩罚，可能就不去犯罪了。显然，惩罚的威慑并不总是有效的，有时人们无论如何都要违法。但是惩罚如果是可怕的，将会减少不端行为。想象一下，如果警察停止抓小偷，一定会有更多的小偷。因此制止犯罪就是在阻止不幸。

最后，设计良好的惩罚体系可能会帮助做错事的人改邪归正。罪犯经常有精神或情感问题。他们通常没有受过很好的教育，没有文化，不能胜任工作。为什么不能通过着手解决犯罪的根源问题来对犯罪做出反应？如果一个人是危险的，我们可以监禁他。但是当他被关在监牢里时，为什么不通过心理诊疗、教育机会或职业训练来解决他的问题？如果有一天他能够作为一个有生产价值的公民回归社会，对他、对社会都是有益的。

在美国，功利主义的惩罚观点一度占据主导地位。1954 年，美国监狱协会改名为"美国矫正协会"，并且致力于把监狱变成"矫正机构"。这就要求监狱去"矫正"被收监者，而不是去"惩罚"他们。在 20 世纪五六十年代监狱改革很普遍。监狱给被收监者提供药物治疗、假期训练课程和群体咨询讲习，希望把他们变成良好公民。

然而，那些日子已经远去了。在 20 世纪 70 年代，美国转向采取严厉的报应主义，提高了被判监禁的平均刑期，更多的毒品违法者被关了起来。其结果是任何特定的时间里被监禁的人都更多了。现今美国监禁了 230 万人，监禁率比其他国家高得多。大多数人被囚禁在州监狱中，而不是联邦监狱中，而且各州因为必须使这些机构运转而为资金问题所困，其结果就是那些旨在使犯人改过自新的项目被大大削减或者取消。以监狱超员为标志，为资金不足所折磨的仓储心态取代了 60 年代的改过自新的心态。这种令被收监者更不愉快的新的现实，暗示着报应主义的胜利。

康德的报应主义

功利主义的惩罚理论有很多反对者。一些批评者说，监狱改革没有起到作用。在美国，加利福尼亚有最富有生机的改革计划，但该州的犯人在获释以后尤其可能重新犯罪。然而，大多数反对意见是基于"回到康德去"的理论思考。

康德蔑视"功利主义蛇行似的兜圈子"，他说这一理论蔑视人类的尊严。首先，功利主义让我们盘算如何利用人作为达到目的的手段，而这是不被允许的。如果我们监禁罪犯是为了保持社会的安宁，那么就是利用他们去实现另一些人的利益。这违背了康德的信条，即"一个人永远不应当仅仅被作为从属于其他人的目的的手段来对待"。

而且"矫正"实际上只是一种企图，它试图把人们塑造成我们想让他们成为的那种人，这就侵犯了他们自主地决定他们想成为哪种人的权利。我们确实有权利通过报复他们来回应其邪恶，但是我们却没有权利试图通过操纵他们的人格来侵犯他们的尊严。

因此，康德完全不同意功利主义者对惩罚的证明。相反，他认为惩罚应当为两个原则所制约。首先，人们被惩罚仅仅是因为他们犯了罪，而不是别的什么原因。其次，惩罚应该与罪行的严重程度相当。轻微的惩罚对轻微的犯罪来说就足够了，但对于严重的罪恶，严重的惩罚就是必要的：

> 但是，什么是公共正义视为原则和标准的惩罚模式和量刑？它只是平等原则，根据这一原则，衡量正义的指针不再倾向于一边而不是另一边……因此它可能说，"如果你诽谤了另一个人，你就诽谤了你自己；如果你偷了另一个人的东西，你就偷了你自己的东西；如果你打了另一个人，你就打了你自己；如果你杀了另一个人，你就杀了你自己。"这是……唯一原则……能够确定地赋予正义的惩罚质和量。

第二个原则无疑使他赞同死刑，因为在回应谋杀时，只有死才是适当的。在一个著名的段落中，康德写道：

> 即使一个市民社会决定在所有成员都同意的条件下解散——就像假设居住在一个岛上的人决定分开并分散到世界各地那种情况一样——在这个决定实施以前，躺在监狱的最后一个谋杀者也应当被处死。这样做是为了让每个人都意识到他的行为的应得，为了不让杀人的罪恶再留在人们中间，否则他们都会被视为谋杀的参与者。

康德主义者虽然在理论上必须支持死刑，但可能在实践上反对死刑。实践中的担忧是无辜者可能被错误地被处死。在美国，大约有 130 个死囚犯在证明无辜后被释放。那些人实际上并没有被杀。但是通过这么多险遭意外的事，几乎可以确定有些无辜的人已经被处以死刑——并且改革的提倡者指出了一些特殊的、令人困扰的例子。这样，在决定是否支持死刑政策时，康德主义者必须平衡偶尔的致命错误所导致的不正义和让杀人者活着这样的不正义。

康德的原则描述了惩罚的一般理论：做错事的人必须被惩罚，并且惩罚必须与罪行相当。这个理论与基督教的也让打另一面脸颊的理念截然对立。在山顶布道中，耶稣公开宣称："你们曾听人说过：'以眼还眼，以牙还牙。'而现在我要告诫你们：不要抵抗罪恶。假如有人打你的右脸，那么把左脸也让他打。"对康德而言，对罪恶的这种反应不仅是轻率的，而且是不正义的。

对康德的报应主义有怎样的论证呢？我们注意到，康德把惩罚视为正义的事。他说，如果罪恶不被惩罚，正义就得不到实现。这是一个论证。我们还讨论了为什么康德拒绝功利主义的惩罚观点。但是，他也为基于把人"本身作为目的"来对待的观念提供了另一个论证。

这个论证是怎么进行的？从表面上来判断，我们似乎不可能把惩罚某个人描述为"把他作为人来尊重"或者"把他作为目的来对待"。把某人投入监狱怎么可能是"尊重"他的方式呢？更为荒谬的是，处死某个人怎么可能是尊重他的方式呢？

对康德来说，把某人作为"目的"来对待，意味着把他作为理性的存在者来对待，他对他自己的行为负责。那么现在我们要问，负责的存在者是什么意思？

一方面，我们来想想不负责的存在者是什么意思。纯粹的动物由于缺少理性，所以不能对自己的行为负责，有精神疾病的人或者不能控制自己行为的人也不能对自己的行为负责。如果在这样的情况下坚持说他们是负责的，就是荒谬的。我们不可能适当地感激他们或者怨恨他们，因为他们对其所导致的善或恶没有任何责任。我们也不能期望他们能够理解我们为什么那样对待他们，正如他们不能理解自己为什么会做出那样的行为。所以我们没有选择，只能通过操纵他们来和他们打交道，而不是把他们作为理性的个体来对待。例如，当我们因为狗吃掉了桌子上的食物而斥责它时，我们只是在试图"训练"它。

另一方面，理性的存在者能够基于他们对什么是最好的的观念，自由地决定做什么。理性的存在者对他们的行为是负有责任的，所以他们要对其做什么负责。如果他们做得好，我们会感谢他

们；如果他们做得不好，我们会憎恨他们。回报和惩罚——不是
"训练"或其他操纵——是对这种感激和憎恨的自然表达。因此，
在惩罚别人的过程中，我们坚持的正是"他们对自己的行为是负有
责任的"，而我们却不坚持让动物为其行为负责。我们不是把他们
作为有"病"的人或者不能控制自己行为的人来对他们做出回应，
而是把他们作为自由地选择了邪恶行为的人来对待。

在与有责任能力的行为者交往时，我们可能适当允许——至少
是部分允许——根据他们的行为来决定我们如何回应他们。如果某
人对你好，你可以以慷慨作为回报；如果某人对你用心险恶，你在
决定如何回应他时也可以考虑到这一点。你为什么不应该那样做呢？
为什么你应该对待每个人都一样，无论他们如何选择自己的行为？

康德对最后一点进行了极有特色的引申。在他看来，以善良回
应其他人有一个深层次原因。当决定做什么时，在参考我们自己的
价值观之后，我们实际上会说，这是应该做的事。用康德的术语来
说，我们的意思是，我们的行为要成为"普遍法则"。因此当一个
理性的存在者决定以某种方式对待某人时，他宣告，这是对待人的
方式。这样，如果我们以同样的方式回应他，我们只是在以他已经
决定的人应该被对待的方式来对待他。如果他对别人不好，我们也
对他不好，这正是在适用他自己的决定。毫无疑问，我们尊重他，
让他以自己的判断来控制我们对待他的方式。关于罪犯，康德说，
"他的邪恶行为招致了对自己的惩罚"。

这个最后论证当然会被质疑。为什么我们应该采纳罪犯的行为
原则，而不是我们自己的原则？为什么我们不能尝试着"比他更

好"呢？也请记住，邪恶的人有时也会做好事。所以，如果我们对待作恶者好，难道我们不是也在遵循他的判断——他在很多情况下已经确认过的判断？

最终，我们对康德理论的看法可能取决于我们对犯罪行为的看法。如果我们把罪犯看作环境的牺牲品，他们不能控制自己的生活，那么我们就会被功利主义模式所吸引。另外，如果我们把罪犯看作理性的行为人，他们自主地选择去做伤害他人的事，那么康德的报应主义对我们就会有更大的吸引力。关于惩罚这个存在巨大争论的问题的解决可能就因此而转向了我们是否认为人有自由意志，或者我们是否认为外力对人的行为的影响如此之深以至于我们的自由只是一种幻象。然而关于自由意志的讨论非常复杂，且与伦理学之外的问题紧密相关，因此我们这里不再讨论。在哲学中，这种辩证的情境是很常见的：当你深入地研究一个问题，你经常会认识到，它也依赖于其他问题。而且不幸的是，其他问题也像你刚开始的问题一样困难。

资料来源

康德关于动物的评论，见 *Lectures on Ethics*，translated by Louis Infield (New York：Harper & Row，1963)，pp. 239 - 240。我在没有改变原意的前提下改动了第二个引语："对动物残忍的人在与人打交道时也会变得特别狠心"（不是"会变得也特别狠心"）。

绝对命令表述为把人作为目的来对待，见 *Foundations of Metaphysics of Morals*，translated by Lewis White Beck (Indianapolis，IN：Bobbs-Merrill，1959)，p. 46（2：429）。关于"尊严"与"价值"的评论在 pp. 51 - 52（2：

434 – 435）。

　　边沁的论述"所有的惩罚都是伤害"出自 *The Principles of Morals and Legislation* （New York：Hafner，1948），p. 170。

　　康德关于惩罚的引文，见 *The Metaphysical Elements of Justice*，translated by John Ladd （Indianapolis：Bobbs-Merrill，1965），pp. 99 – 107。此外，"公正的、合乎道德的打击"的引文，见 *Critique of Practical Reason*，translated by Lewis White Beck （Chicago：University of Chicago Press，1949），p. 170 （V，61）。

　　关于从监狱到矫正机构的术语变化，见 Blake McKelvey，*American Prisons：A History of Good Intentions* （Montclair，NJ：Patterson Smith，1977），p. 357。关于 1960—1990 年美国监狱系统的变化，见 Eric Schlosser，"The Prison-Industrial Complex," *Atlantic Monthly*，December 1998。

　　美国和其他地方的监禁率，见 the Prison Policy Initiative's "Mass Incarceration：The Whole Pie 2017" 和 "States of Incarceration：The Global Context 2016"，二者都刊于 prisonpolicy. org。

　　2006 年 12 月 22 日，美国国家公共广播电台 （NPR） 讲述的一个故事引述了加利福尼亚州官方所说的加利福尼亚州在全国再犯罪率最高的说法。

　　耶稣关于"打另一面脸颊"的说法见《马太福音》（5：38-39）。我所使用的是 *The Holy Bible* 的英语标准版译本 （2001）。

第 11 章 女性主义与关怀伦理学

但是显然女性的价值观常常不同于男性的价值观；自然地，就是这样。然而，男性的价值观占主导地位。

——弗吉尼亚·伍尔夫：《一间自己的房间》（1929）

男性和女性对伦理的看法不同吗

女性和男性的思考方式不同，这一观念在传统上被用于侮辱和轻视女性。亚里士多德说，女性不如男性理性，所以男性自然而然地统治女性。伊曼努尔·康德也这样认为，他说，女性"缺少公民个性"，所以不应该在公共事务中拥有发言权。让-雅克·卢梭试图在这个问题上扮红脸，他强调男性和女性只是拥有不同的品德，当然其结果是，男人的品德使他们适合当领导，而女性的品德使她们适合家庭和灶台。

以此为背景，20 世纪六七十年代的妇女运动否定男性和女性有心理差别的观念就不值得惊讶了。男性理性而女性感性的观念已经作为陈词滥调被女性主义者放弃了。据说，自然并没有在性别之间制造精神的或道德的差别，当似乎存在这样的差别时，这一差别的存在只是因为女性受到压迫性的社会的影响，被迫以"女性"方式行事。

然而最近，大多数女性主义者认为，女性的思考方式确实与男人不同。但是她们也认为，女性的思考方式并不逊色。相反，女性的思考方式产生了以男性为主导的领域所忽视的洞识。这样，通过关注女性富有特色的思考方式，我们似乎可以在停滞不前的学科上有所进展。据说伦理学就是这样的候选领域。

科尔伯格的道德发展阶段。 我们来思考一个由教育心理学家劳伦斯·科尔伯格（1927—1987）设计的道德困境。海因茨的妻子快要死了，她唯一的希望是一位药剂师发明的一种药，但这位药剂师以超高价出售这种药。制造这种药的成本是 200 美元，而这位药剂师要价 2 000 美元。海因茨只能筹集到 1 000 美元。药剂师说，这才一半，远远不够。海因茨发誓说，其余的部分他稍后再付，药剂师还是拒绝了。在绝望中，海因茨考虑偷药。这样做是不是错的？

这个问题被称作"海因茨困境"，被科尔伯格用于研究儿童的道德发展。科尔伯格调查了各个年龄段的儿童，给他们提供了一系列的困境，向他们提出设计好的问题，以揭示他们的道德思考。通过分析他们的回答，科尔伯格得出了儿童有六个道德发展阶段的结论。在这些阶段，儿童或成人根据以下内容来理解"正当"：

服从权威与避免惩罚。（阶段一）

满足个人需要并允许其他人通过公平交易做同样的事情。（阶段二）

培养个人关系并且履行人的社会角色所承担的责任。（阶段三）

遵守法律并且维护团体的利益。（阶段四）

坚持基本的权利和个人的社会价值。（阶段五）

遵从抽象的、普遍的道德原则。（阶段六）

所以如果一切正常的话，我们的生命开始于避免惩罚的自我中心的欲望，结束于恪守抽象的道德原则。然而科尔伯格认为，没有几个成年人能够到达阶段五，更少的人能达到阶段六。

海因茨困境被呈现给一个 11 岁的名叫杰克的男孩，他认为显然海因茨应当偷药。杰克解释道：

原因之一是，人的生命的价值超过了金钱。如果药剂师只赚 1 000 美元，他还可以活着，但如果海因茨不偷那种药，他的妻子就会死去。

（为什么人的生命的价值超过了金钱？）

因为药剂师以后也能从患有癌症的富人那里赚 1 000 美元，但海因茨不可能再一次拥有他的妻子。

（为什么不能？）

因为所有的人都是不同的，所以他不可能再一次拥有他的妻子。

但是 11 岁的女孩埃米看问题的方式就不同了。海因茨应该偷药吗？与杰克相比，埃米似乎有些犹豫和逃避。

嗯，我不认为应该偷。我认为除了偷还有别的办法，他可以借钱或者贷款或者想其他的办法，但是，他真的不应该偷那种药。但是，他的妻子也不应该死……如果他偷药，那么他就可能让他的妻子得救，但如果他真的偷了，他就可能进监狱，那么他妻子的病可能就又加重了，并且他也不可能再得到那种药了，而这可能也没有用。所以，他们应该把问题说清楚，并且找到其他弄到钱的办法。

调查员向埃米提出了进一步的问题，但她不愿意深入，并拒绝接受这个问题的提法。相反，她把问题转换为海因茨和药剂师之间的冲突，这个冲突必须通过进一步的讨论来解决。

按照科尔伯格的阶段论，杰克所在的阶段似乎超越了埃米，埃米的回答是典型的处于第三阶段的人的处事方式。在这一阶段，个人关系至上——海因茨和药剂师必须在他们之间把问题解决。而杰克诉诸非个人的原则——"人的生命的价值超过了金钱"，杰克显然处于更高的阶段。

吉利根的反对。科尔伯格在 20 世纪 50 年代开始研究道德发展问题，在那之前，心理学家总是研究行为而不是思维过程，而且心理学研究者也被认为是穿着白大褂观察老鼠在迷宫里跑来跑去的人。科尔伯格人本的、认知的进路更富有吸引力。然而，他的主要思想是有瑕疵的。研究人们在不同年龄段不同的思考方式是合理的——如果儿童在 5 岁、10 岁、15 岁的思考是不同的，这当然值得研究，发现最好的思考方式也是有价值的。但这二者是不同的，前者涉及观察儿童如何思考，后者涉及评价思考方式的好坏。每一项研究与不同种类的证据有关，没有理由事先假定结果会与之匹配。与年纪大的人的意见相反，年龄未必能带来智慧。

从女性主义视角，科尔伯格的理论也受到了批评。1982 年，卡萝尔·吉利根出版了一本名为《以不同的声音》的著作。在这本书中，她特别反驳了科尔伯格关于杰克和埃米的说法。她说，这些孩子的思考方式是不同的，但是埃米的思考方式并不低等。当面对海因茨的困境时，埃米对这一情形的个人层面做出了反应，这是典型的女性化的方式；而杰克像典型的男性那样思考，只看到了"通过逻辑推理能够解决的生命和财产之间的冲突"。只有像科尔伯格那样假定，原则的伦理比强调亲密、关怀的伦理更为高级，杰克的回答才会被判断为处在更高的水平上。但是为什么我们应当做这样的假定？无可否认，大多数道德哲学家赞同原则的伦理，但是这可能只是因为大多数道德哲学家是男性。

"男性的思考方式"——诉诸非个人的原则——会将每一种情境特有的细节抽象掉。吉利根说，女性则发现自己很难忽略这些细节。埃米担忧"如果他（海因茨）偷药，那么他就可能让他的妻子得救，但如果他真的偷了，他就可能进监狱，那么他妻子的病可能就又加重了，并且他也不可能再得到那种药了"。杰克将此情形归结为"人的生命的价值超过了金钱"，却忽略了所有这些细节。

吉利根暗示，女性基本的道德导向是关怀其他人。对他人需要的敏感引导女性"不只是注意倾听她们自己的声音，也把他人的观点融入她们的判断"。这样，埃米不可能只是简单地拒绝药剂师的观点，而是会想和他谈一谈，试图容纳他的观点。根据吉利根的观点，"女性的道德弱点，表现为判断的扩散与混乱，它与女性的道德勇气，以及对关系与责任的超越一切的关心是不可分的"。

另一位女性主义思想家采纳了这个观点，并且把它发展成一种独具特色的伦理学观点。1990 年，弗吉尼亚・赫尔德（1929—　）概括了其主要思想。她说："关怀、移情、同情他人、对其他每个人的情感的敏感，这些都可能在实际的情境中，比抽象的理性规范或者理性的算计更好地指导人们理解什么是道德所要求的，或者至少它们是适当的道德的必要元素。"

在讨论这一思想之前，我们可以暂且思考一下它究竟有多"女性化"。女性与男性对伦理学的思考方式真的不同吗？如果这是真的，为什么会这样呢？

女性与男性对伦理学的思考方式真的不同吗？吉利根的书出版后，心理学家对性别、情感以及道德进行了数百项研究，这些研究揭示了女性与男性之间的差别。在对同情心的测试中，女性得分更高。大脑扫描也显示，在看到不公正地对待她们的人被惩罚时，女性的享受程度更低——也许因为女性对无礼地对待她们的人也会有深切的同情心。最后，女性可能更关心亲密的个人关系，而男性更关心更大范围的浅层次关系网络。正如罗伊・鲍迈斯特所说："女性在亲密的个人关系的狭小范围内很擅长，男性在更大的群体方面很擅长。"

　　女性和男性在伦理方面的思考方式可能是不同的，但差别不可能很大。并不是女性会做出男性无法理解的判断，或者相反。即使有时男性不得不靠被提醒才能理解，但他们还是能够理解关怀的关系的价值，并且同意埃米提出的对海因茨困境的最好解决方案是两个人以某种方式和解。女性也不是不同意他们的观点——"人的生命的价值超过了金钱"。就个人而言，我们发现有的男性特别关注关怀的关系，有的女性更侧重于依赖抽象的原则。坦白地讲，两性并不是生活在不同的道德世界中。有一篇学术文章考察了 180 项研究，并且发现，女性只是比男性略微地更具关怀倾向，而男性只是比女性略微地更具正义倾向。然而，即使这个轻描淡写的结论也提出了这样的问题：为什么女性一般来说比男性更关怀他人呢？

　　我们可以来看一下社会性的解释。也许女性更关怀他人是因为她们承担的社会角色。传统上，人们期待女性操持家务、抚养孩子，即便这种期待是性别歧视，但女性经常承担这些功能的事实从古至今延续了下来。这样我们就很容易明白照顾家庭是如何引导一个人采纳关怀的伦理的。这样，关怀的视角就可能成为女性接受的心理训练的一部分。

　　我们还可以寻求性别解释。男性与女性的某些不同在年纪很小的时候就显现出来。一个一岁的女孩会花更多的时间去看一张脸的图片而不是小汽车的图片，而一个一岁的男孩更喜欢看小汽车的图片。甚至出生才一天的女孩（但不是男孩！）也会花更多的时间看一张友好的脸，而不是同样大小的机械物。这意味着，女性自然比男性更具社会性。如果这是真的，为什么？

　　达尔文的进化论可能提供了一些见解深刻的观点。我们可以把达尔文的"生存竞争"理解为一种竞争，目的是让一个人把基因最大限度地遗传给下一代。任何有助于实现这一点的特征都会在下一代身上得以保存，而在这一竞争中使个体处于弱势的特征会消失。20 世纪 70 年代，进化心理学（当时称为"生物社会学"）领域的研究者开始将这一思想应用于对人类本性的研究。这一思想是：今天的人们所拥有的某些情感和行为倾向，曾经使他们遥远的祖先得以大量生存和繁衍下去。

　　根据这一观点，男性和女性之间的关键差异是：男性能做数千个孩子的父亲，而女性只能每九个半月生育一次，直到绝经。这意味着男性和女性有不同的繁衍策略。对男性来说，最优的策略是使尽可能多的女性受孕。因此，男性就会把他们的精力用在找更多的伴侣而不是帮助他自己的孩子成长。对女性来说，最优的策略是对每个孩子都投入较大，并且选择愿意陪伴其左右的男性做伴侣。它也被用来解释为什么男性比女性更会胡来，同时解释了为什么男性和女性在对待感情上的不同态度，特别是女性比男性更被核心家庭的价值所吸引，包括关怀的价值。

　　这种解释经常被误解。其要点不在于人们有意识地去算计如何繁衍他们的基因，没有人那样做，进化会塑造我们的欲望，但它不会微观管理我们的思维过程；也不在于人们应该以这种方式去算计，根据伦理学的观点，他们不应该那样。这个观点只是解释了我们所观察到的现象。

道德判断的含义

关怀的伦理最接近于现代女性主义哲学。正如安妮特·贝尔（1929—2012）所说："'关怀'是新的流行语。"然而，人们不必为了成为一个女性主义者而拥抱关怀的伦理。很多女性主义者——既包括女性也包括男性——是这样的人，他们只是希望理解和改正针对女性的不公，例如，女性主义者想理解为什么在美国女性比男性的薪水少，为什么在 2015 年，女性全日制工作的平均工资只有 40 742 美元，而男性却有 51 212 美元？关注这些问题并不意味着相信关怀伦理学的信念。然而，我们将聚焦于关怀伦理学，因为它可能是功利主义和社会契约理论的一种替代性选择。

理解一种伦理学观点的方法是，看看它在实践中会有怎样的不同。关怀的伦理与伦理学的男性进路相比确实不同吗？让我们思考三个例子。

家庭与朋友。传统的义务理论不适用于解释家庭和朋友之间的生活，它把应当的观念当作道德的基础。但是正如安妮特·贝尔所观察到的，当我们试图把"做慈爱的父母"解释为一种责任时，我们就会面临问题。做慈爱的父母的动机是爱，不是责任。如果父母关心他们的孩子只是因为他们觉得这是他们的责任，孩子就会感受到这一点，并且意识到他们不为父母所爱。

而且贯穿于义务理论中的平等或公正的思想似乎也与爱和友谊

的思想对立。约翰·斯图尔特·穆勒说，一个道德行为人一定要"像一个利益无关而慈善的旁观者那样严格地公正无私"，但那不是父母或朋友的立场。我们不会把我们的父母或朋友当作庞大的人类群体中的一员，相反，我们认为他们是特殊的。

另一方面，关怀伦理则完全适用于解释这种关系。关怀伦理不把"义务"或"责任"视为基础，也不要求我们同样公平地促进每个人的利益。相反，一开始它将道德生活理解为与特定的人的关系网络，把"生活得好"视为对他人的关怀，满足他们的需要，维护他们的信任。

这些观念引发了对我们可以做什么这一问题的不同判断。我们可以将自己的时间和财富用来关怀我们的家人和朋友吗，即使这意味着忽略其他人的需要？从公平的观点看，我们不应该忽略陌生人的需要，我们应该同样地推进每一个人的利益。但是，很少有人接受这样的观点。关怀伦理确认了我们自然地给予家庭和朋友优先性，并且它看起来也似乎比原则的伦理更有道理。当然，这并不奇怪，关怀伦理似乎很好地解释了我们与朋友和家庭的道德关系的本质。毕竟，对那些关系的思考是它最初的灵感。

艾滋儿童。 世界上每年有超过 200 万名 15 岁以下的儿童感染艾滋病毒，这种病毒会导致艾滋病。这些孩子中有一半没有接受任何治疗，像联合国儿童基金会这样的组织如果有更多的资金就可以对此有更多的作为，通过给这样的组织的工作提供捐助，我们可以挽救生命。

像功利主义这样的传统的原则伦理学会从中得出结论：我们具

有支持联合国儿童基金会的实质性的义务。这个推理很简单：几乎每个人都会在奢侈品上花钱。奢侈品没有保护孩子不受艾滋病毒侵害那样重要。因此，我们应该至少把我们的一部分钱捐给联合国儿童基金会。当然，如果我们试图填补所有的细节，这个论证就会变得很复杂。但是，这个基本思想已经足够清晰。

有人可能会认为关怀伦理会得出相似的结论——毕竟，难道我们不应该关怀那些弱势儿童吗？但是，这没有抓住这个理论的要领。关怀伦理关注小范围的个人关系。没有这样的关系，"关怀"就不会发生。内尔·诺丁斯（1929—　）在《关怀：女性进路伦理学和道德教育》（*Caring: A Feminine Approach to Ethics and Moral Education*）中解释了关怀的关系仅在"被关怀的人"与"关怀者"产生互动的情况下才存在，在最低限度内，被关怀的人必须能够在个人的层面上、在一对一的接触中接受和承认这种关怀。否则，这里也没有义务："如果对方没有完成这些的可能性，我们也就没有义务像一个关怀者那样行动。"这样，诺丁斯得出结论说，我们没有义务去帮助"在地球的遥远区域需要帮助的人"。

很多女性主义者认为诺丁斯的观点太过极端。正如她所做的那样，把个人关系作为伦理的全部，就像把它们全部忽略一样，也是执迷不悟的。一个更好的进路可能是，伦理生活既包含关怀个人关系，也包含对一般人的仁慈。那么，支持联合国儿童基金会的义务可能就出自仁爱的义务。如果持此进路，我们就可能把关怀伦理学解释为对传统理论的一种补充，而不是代替传统理论。安妮特·贝尔似乎想到了这一点，她最后写道："女性理论家需要把她们的爱的伦理与男性理论家的先入之见即义务理论联系起来。"

动物。我们对动物有义务吗？例如，我们应该约束自己吃肉吗？一个从原则的伦理出发的论证说，我们为了给人类提供食物而饲养动物的方式导致了动物巨大的痛苦，我们不应该以这种残忍的方式来获得营养。自现代动物权利运动在 20 世纪 70 年代发端以来，这种论证已经说服了很多人成为素食主义者。

内尔·诺丁斯建议，这是一个用来"检验关怀伦理所依赖的基本观念"的好的议题。有些什么样的基本观念呢？首先，关怀伦理诉诸直觉和感觉，而不是原则。这将导向关于素食的不同结论，因为大多数人没有感到吃肉是错的，或者那些受苦的家畜是重要的。诺丁斯观察到，我们对人的情感反应不同于我们对动物的情感反应。

其次，"关怀伦理所依赖的基本观念"是个人关系的首要性。正如我们所注意到的，这些关系总是涉及被关怀的人与关怀者的互动。诺丁斯认为，人可能与他们的宠物有这种关系：

> 当一个人与特定的动物熟悉起来时，他会意识到它的表达方式的特点。例如猫抬起头，向它们想要对其进行表达的人伸展身体……我早晨走进厨房时，我的猫在台子上它最喜欢的地方向我问好，我就明白它是有所求的。正是它坐的地点和它喵喵叫着"说话"的企图传达了它想要一盘牛奶的欲望。

关系是建立起来的，而关怀的态度一定是被唤起的。但是人与过度拥挤的牛棚里的牛没有这样的关系，所以诺丁斯断定，我们没有义务不吃它。

我们该如何对待这样的事情呢？如果我们用这个问题去"检验

关怀伦理所依赖的基本观念"，那么这种伦理能否通过这个检验呢？反对的论证令人印象深刻。首先，直觉与情感不是可以依赖的指导——人们的直觉曾经告诉他们，奴隶制是可接受的，女性对男性的从属地位是上帝自己的计划。其次，动物能否"以个人的方式"回应你，可能在很大程度上与你从帮助中得到的满足相关，但是这与动物的需求无关。相似地，一个遥远地区的儿童是否会感染艾滋病，与他能否以个人方式感谢你帮助他无关。当然，这些论证诉诸所谓的典型的男性推理原则。因此如果关怀伦理被视为全部的道德，这样的论证将会被忽略。另一方面，如果关怀只是道德的一部分，根据原则的论证就仍然有值得重视的力量。家畜可能处于道德关怀的范围之内，不是因为我们与它们的关怀关系，而是因为我们反对折磨和残忍。

伦理学理论的含义

很容易看到男性经验在他们已经创立的伦理学理论中的影响。在历史上，男性主导公共生活，其中的关系通常是非个人的和契约性的。在政治和商务活动中，当利益发生冲突时，这种关系甚至可能是敌对的。所以我们谈判、讨价还价，并且做交易。而且在公共生活中，我们的决定可能影响众多我们甚至不认识的人。所以我们可以试着计算，哪一种决定会对大多数人有全部的、最好的结果。那么，男性的理论重点是什么？那就是：非个人的责任、契约、利益竞争的平衡以及成本和利润的算计。

难怪女性主义者指责现代道德哲学包含了男性的偏见。对私人生活的关注几乎完全缺失，并且卡萝尔·吉利根所说的"不同的声音"也失语了。为女性的关怀所量身定做的道德理论看起来会是相当不同的。在朋友和家庭的小范围里，讨价还价和算计扮演着极小的角色，而爱和关怀占据主导地位。一旦这一观点确立起来，就不能否认它在道德中一定有其位置。

然而，传统的理论不太容易将私人生活容纳其中。正如我们所注意到的，"做慈爱的父母"不是一个算计我们应当如何行动的问题，做忠诚的朋友或可信赖的员工也一样。做慈爱、忠诚、可信赖的人就是成为某种特定人，他们与无偏私地"尽他们的责任"的人是不同的。

"成为某种人"与"尽某人的责任"二者的对立是两种伦理学理论之间更大冲突的核心。德性伦理把道德的人看作具有某种品格特征：善良、慷慨、勇气、正义、谦虚等。另一方面，义务理论强调公平的责任：他们典型地把道德行为人描述成倾听理性的声音，勾勒出要做的正确的事然后就去做的那种人。赞同德性伦理的主要论证是，它似乎很适合容纳公共生活和私人生活两种价值。这两种领域要求不同的德性，公共生活要求正义和仁慈，而私人生活要求爱和关怀。

因此，关怀伦理学最好被理解为德性伦理学的一部分。很多女性主义哲学家都从这个角度来看待它。德性理论虽然不是女性主义运动所独有的，但与女性主义思想如此接近，以至于安妮特·贝尔把德性伦理学的男性推动者称为"荣誉女性"。对关怀伦理学的裁定最终取决于更宽广的德性理论的可行性。

资料来源

Lawrence Kohlberg, *Essays on Moral Development*, vol. 1: The Philosophy of Moral Development (New York: Harper and Row, 1981). 关于海因茨困境的解释见第12页; 关于道德发展的六个阶段见第409至第412页。

卡萝尔·吉利根关于埃米和杰克的论述, 见 *In a Different Voice: Psychological Theory and Women's Development* (Cambridge, MA: Harvard University Press, 1982), pp. 26, 28。其余有关吉利根的引述见第16至第17页、第31页。

弗吉尼娅·赫尔德的引文, 见 Virginia Held, "Feminist Transformations of Moral Theory," *Philosophy and Phenomenological Research* 50 (1990), p. 344。

女性比男性在同情心测试中得分更高, 见 "Measuring Individual Differences in Empathy: Evidence for a Multidimensional Approach," *Journal of Personality and Social Psychology* 44, no. 1 (January 1983), pp. 113 – 126; 以及 P. E. Jose, "The Role of Gender and Gender Role Similarity in Readers' Identification with Story Characters," *Sex Roles* 21, nos. 9 – 10 (November 1989), pp. 697 – 713。

大脑扫描与惩罚, 见 Tania Singer et al. , "Empathetic Neural Responses Are Modulated by the Perceived Fairness of Others," *Nature*, January 26, 2006, pp. 466 – 469。

Roy F. Baumeister, "Is There Anything Good about Men?", 2007. 美国心理学学会受邀演讲 (引文在第9页)。

女性只是比男性略微更具关怀倾向, 见 Sara Jaffee and Janet Shibley

Hyde，"Gender Differences in Moral Orientation：A Meta-Analysis," *Psychological Bulletin* 126，no. 5（2000），pp. 703 - 726。

男性与女性的差异在早年就已显现出来，见 Larry Cahill，"His Brain，Her Brain," *Scientific American*，April 25，2005（8 pages），citing Simon Baron-Cohen and Svetlana Lutchmaya。

参见 *The Simple Truth about the Gender Pay Gap*，Spring 2017 Edition，released by the American Association of University Women，at aauw. org。

Annette Baier，*Moral Prejudices*（Cambridge，MA：Harvard University Press，1994）："'关怀'是新的道德术语"（第 19 页）；"与她们的爱的伦理联系在一起"（第 4 页）；"荣誉女性"（第 2 页）。

关于儿童艾滋病，见 UNICEF's "For Every Child，End AIDS：Seventh Stocktaking Report，2016" at unicef. org（"HIV/AIDS" / "Global and Regional Trends"）。

内尔·诺丁斯的引文，见 Nel Noddings，*Caring：A Feminine Approach to Ethics and Moral Education*（Berkeley：University of California Press，1984），pp. 149 - 155。

第 12 章　德性伦理学

猪之美在肥膘，人之美在德性。

——本杰明·富兰克林：《穷理查年鉴》（1736）

德性伦理学和正当行为伦理学

在思考一个学科时，以什么样的方法进入这门学科是十分重要的。你究竟想学到什么？什么样的问题是你最想得到答案的？当最伟大的古代哲学家亚里士多德思考伦理学时，他主要思考的是品格。在《尼各马可伦理学》（约公元前 325 年）中，亚里士多德提问道："什么是人的善？"他的回答是："灵魂的活动合乎德性。"之后他讨论了诸如勇气、自制、慷慨、真诚这样的德性。因此，他将"什么样的品格使一个人成为好人"这一问题作为伦理学的进路，这一进路在古代世界十分常见。

然而，随着时光的流逝，这种思考方式逐渐被忽略了。随着基督教的产生，一个新的思想体系出现了。基督徒，和犹太人一样把上帝作为立法者，他们把顺从神圣命令看作正直生活的关键。对于希腊人来说，有德性的生活是与理性的生活密不可分的。但在 4 世纪，极具影响力的基督教思想家圣奥古斯丁不相信理性，他认为道德的善在于使自己服从上帝的意志。因此，中世纪哲学家是在神圣律令的背景下讨论德性的。神圣德性的信、望、爱还有顺从占据了重要地位。

文艺复兴（1400—1650）以后，道德哲学又一次变得世俗化，但是哲学家们并没有回到古希腊的思考方式，神圣律法被某种所谓的"道德律法"所替代。据说道德律法源自人类理性，而不是上帝。道德律法是区分何种行为为正当的规范体系，因此，现代道德哲学家与古代学者不同，他们把追问一个根本不同的问题作为这一学科的进路。他们问"什么是要做的正当的事"，而不是"什么品格特征使一个人成为好人"，这将他们引向了不同的路径。他们继续发展的理论不是关于德性的理论，而是关于正当和义务的理论：

- 伦理利己主义：每个人都应该做最能推进自身利益的事。
- 社会契约理论：做正当的事就是遵从理性的、自利的人为了他们的共同利益而认同的规范。
- 功利主义：我们应该做所有将会推进最大幸福的事。

● 康德理论：我们的责任是遵从那些我们可以接受其为普遍律法的规范，也就是说，那些我们想让所有的人在所有的条件下都遵从的规范。

这些是自 17 世纪起就已经在道德哲学领域居主导地位的理论。

我们应不应该回到德性伦理学？ 最近，很多哲学家提出了一个激进的观点：我们应该回到亚里士多德的思考方式。

这一思想是伊丽莎白·安斯科姆在《现代道德哲学》（1958）一文中提出来的。她认为现代道德哲学已经被误导，因为它建立在不融贯的、"没有立法者的法"的观念的基础之上。她说，义务、责任和正当的概念都与这个自相矛盾的观念分不开。她认为，我们应该停止对义务、责任和正当的思考，回到亚里士多德的进路，美德应该再一次登上中心舞台。

为安斯科姆的文章所激发，讨论美德的文章和专著如潮水般涌现，德性理论不久就成为当代道德哲学的一个重要选择。接下来，我们先看看德性伦理是什么样的，然后，我们将分析认为德性伦理优于其他伦理学的方法的理由，最后，我们将思考回到德性伦理是不是我们想要的。

美德

德性理论应当包含以下几个内容：阐明什么是德性；列出美德的清单；解释这些美德的构成；解释为什么这些品性是好的品性。

另外，这个理论还应该告诉我们，美德是不是对所有的人都一样，或者是否一个人的美德与另一个人的美德有区别，一个文化的美德是否与另一个文化的美德有区别。

什么是德性？ 亚里士多德说，德性是表现于习惯行为中的品格。"习惯"这个词是重要的。例如诚实的德性，只是偶尔说真话，或者只有在对自己有利时才说真话的人，并不具有诚实的德性。诚实的人当然把真诚当回事，他的行为"源自坚定而不可更改的品格"。

然而，这还没有把美德与邪恶区分开来，因为邪恶也是一种表现于习惯行为中的品格。这个定义的其他部分是评价性的：美德是好的而邪恶是坏的。这样，德性就是表现于习惯性行为中的可赞扬的品格。当然，这种说法并没有告诉我们哪一种品格是好的，或是坏的。稍后我们会讨论某个特定特征以哪种方式是好的。

到此为止，我们已经注意到德性品质应该是那些通常能吸引我们的品质，而邪恶的品质通常是那些令我们厌恶的品质。正如爱德蒙·L. 平科夫斯（1919—1991）所说，"我们喜欢某种人而会躲避其他人，在我们（关于美德与恶的品性）的清单上的品质就是我们喜欢或者躲避的理由。"

我们出于不同的目的而寻找不同的人，这会对哪些品质具有相关性产生影响。在寻找一名汽车机械师时，我们想要有技巧的、诚实的、有责任心的人。在寻找一名老师的时候，我们想找知识丰富、吐字清晰、有耐心的人。这样，机械师的美德不同于老师的美德。但我们也在道德的更一般的意义上把人作为人来评价，所以我们也有"好人"的概念。道德美德就是这样的人的美德，因此我们把道德德性界定为"表现于习惯行为中的品格，对于任何人来说，拥有它都是善的"。

什么是美德？ 那么，什么是美德？应当培养人身上的哪些品格？没有简短的答案，下面列出的是部分清单：

仁慈 公正 审慎 文明 友好

理性 同情 慷慨 智慧 良心

诚实 自律 合作 正义 自立

勇气 忠诚 机智 可靠 节制

周到 勤奋 耐心 宽容

当然，这个清单还可以扩展。

这些美德是什么？ 一般说来，说我们应该有良心、同情并且宽容他人是一回事，而准确地说出这些品格是什么则是另一回事。每一种美德都有它自己的特点，也提出了特殊的问题。我们将简略地分析其中的四种美德。

（1）勇气。根据亚里士多德的观点，美德是两个极端之间的中道，德性是"参照两种恶的品质的中道——一个是过，另一个是不及"。勇气是胆怯和大胆两个极端的中道——一个胆小地远离所有的危险，另一个则大胆地面对很大的危险。

勇气有时被当作军人的德性，因为很明显，士兵需要它。但并不只有士兵需要勇气，我们所有的人都需要勇气，而不是仅在面临一个已经存在的危险时，比如像面对敌人的武力或者大灰熊时，才需要勇气，有时我们需要勇气去开创一个对我们来说并不愉快的局面。这里有一些例子，比如，道歉需要勇气，自愿去做某些你并不

真的想做的好事更需要勇气，如果一个朋友正处于悲伤之中，直接
去问"你怎么了"也需要勇气。

　　如果我们只考虑普通的案例，勇气的性质似乎不成问题。但
是，不同寻常的情境提出了更棘手的案例。想想 2001 年 9 月 11 日
杀了约 3 000 人的 19 名劫机犯。他们面临着确定无疑的死亡，显然
毫无退缩——但是，他们在为邪恶的事业效力。他们有勇气吗？美
国政治评论家比尔·马厄暗示他们是有勇气的，所以他的节目被取
消了。但是，马厄说得对吗？哲学家彼得·吉奇（1916—2013）不
这样认为。"不值得的事业中的勇气不是美德，"他说，"邪恶的事
业中的勇气更不是美德，确实，我不喜欢把这种不道德地面对危险
叫作'勇气'。"

　　吉奇的观点很容易理解，称杀人犯是有勇气的似乎是在赞扬他
们的表现，我们不想那样做。但是另一方面，说他们不是有勇气的
似乎也不太对——毕竟，可以看看他们在危险面前如何行动。为了
解决这个问题，也许我们应该说，他们表现出了两种品格特质，一
种是值得尊敬的（在面临危险时的坚定），一种是可憎的（杀害无
辜者的意愿）。他们确实是有勇气的，正如马厄所认为的，有勇气
是一件好事，但是因为他们的勇气被如此邪恶的事业所役使，所以
他们的行为总体上是极端邪恶的。

　　（2）慷慨。慷慨是给予他人的意愿。人可以在自己的任何资源
上慷慨，比如时间、金钱、知识。亚里士多德说，像勇气一样，慷
慨也是极端之间的中道：它在吝啬和浪费之间。吝啬的人给予太
少，浪费的人给予太多，慷慨的人给予得刚刚好。那么，刚刚好是

多少呢？

另一位重要的古代导师拿撒勒的耶稣说，我们必须用我们所拥有的全部来帮助穷人。依他的观点，在穷人还处在饥饿中时，我们却拥有财富，这是错误的。那些听耶稣讲道的人认为他的教导太严格，并且他们一般不会听从这一教导。在过去的 2 000 年中，人类的本性变化不大，今天也很少有人遵从耶稣的劝诫，甚至那些崇拜耶稣的人也是如此。

在这一问题上，当代功利主义者是耶稣的道德继承人。他们坚持认为，在每一种情境下，做对总体来说有最好结果的事，都是我们的责任。这意味着，我们应该慷慨地花钱，直到进一步的给予对我们造成的伤害和它对其他人的帮助一样多。换句话说，我们应该给予，直到我们自己变成最值得接受给予的人，不管我们手上还剩下多少钱。如果这样做，我们就会变穷。

为什么人们拒绝这样的思想？主要原因可能是自利，我们不想变穷。但是这不只关乎金钱，也涉及时间和精力。采纳这样的做法可能使我们过不上正常的生活。一个人的生活是由事业和关系构成的，它们要求有大量的时间、金钱和精力的投入，要求我们付出太多的慷慨理想，要求我们放弃正常的生活。我们不得不像一个圣人一样生活。

因此，对慷慨的合理解释可以是：我们应该在钱财方面尽可能地慷慨，同时还能够维持我们的正常生活。即使如此，这个解释还是会给我们留下一个令人尴尬的问题。有些人的"正常生活"是相当奢侈的——想想那些富人，他们已经习惯于消费高档奢侈品。这样的人一定不可能是慷慨的，除非他们愿意卖掉他们的游艇。慷慨的德性似乎不可能存在于太过奢华的生活背景中。所以，为了使这种对慷慨的解释"合理"，我们的"正常生活"的概念一定不能太过奢华。

（3）诚实。首先，诚实的人是不说谎的人。但是这就够了吗？说谎并不是误导人的唯一方式。吉奇讲了一个圣阿瑟内修斯①的故事，他"正在一条河里划船，这时迫害他的人从对面划过来：'叛逆阿瑟内修斯在哪里？''不远了。'圣者轻快地回答道，然后毫不迟疑地从他们身边划过。"

吉奇赞同阿瑟内修斯所做出的欺骗，虽然他不赞同阿瑟内修斯直接说谎。吉奇认为，谎言总是被禁止的：拥有诚实德性的人甚至不会想到它。诚实的人不会说谎，所以他们必须找到其他方法达到自己的目的。阿瑟内修斯甚至在困境中也找到了这样的方法。他没有对追他的人说谎，他"只是"迷惑了他们。但是，这种迷惑不是不诚实吗？为什么有些误导人的方式是不诚实的，而另一些不是不诚实的呢？

为了回答这个问题，我们来思考一下为什么诚实是美德。为什么诚实是善的？从大的范围来讲，部分原因是文明依赖于此。我们在共同体中一起生活的能力取决于我们的交流能力。我们彼此交谈，阅读彼此的文字，交流信息和观点，表达我们对其他人的希

① 也译作亚大纳西、阿塔那修，古代基督教希腊教父。328 年任亚历山大城主教，在任 45年。因与阿里乌派在教义问题上存在争论，曾五次被流放。著有《反阿里乌教派》《反阿里乌教派论集》，另有《亚大纳西信经》，但据考证不是他的作品。——译者注

望，许下诺言，提出并且回答问题，等等。没有这种交流，就不可能有社会生活，而要使这种交流发挥作用，人们就必须诚实。

从小的范围来讲，如果我们相信他人，就容易受到他们的伤害。通过接受他们所说的，并且依此来决定我们的行为，我们把自己交付于他们的手上。如果他们是诚实的，一切都好。如果他们撒谎，我们就会产生错误的信念，而如果我们依这些信念而采取行动，我们就会做蠢事。我们相信他们，他们却背叛了我们的信任。不诚实的人操纵他人，相反，诚实的人给他人以尊重。

如果这些是对为什么诚实是一种美德的解释，那么说谎和"迷惑他人"都是不诚实的。毕竟，两者都可以以同样的理由来反对。两者都是出于同一种目的，撒谎和迷惑的目的都是使听者产生错误的信念。在吉奇的例子中，阿瑟内修斯让迫害他的人相信，他事实上并不是阿瑟内修斯。阿瑟内修斯如果不对追他的人说谎，而仅仅是迷惑他们，他的话也能达到同样的目的。因为两种行为的目的都是让他人产生错误的信念，所以两者都会阻碍社会的顺畅运行，都会亵渎信任。如果你指责某人对你撒谎，而他回应说他没有说谎——他"只是"迷惑你，那么你会不以为然。不管怎样，他都从你对他的信任中获得利益，并且使你相信某些虚假事实。诚实的人既不会撒谎，也不会迷惑他人。

但是，诚实的人从来不说谎吗？德性是否要求坚守绝对的规范？我们来区分以下两种观点：

● 一个诚实的人从不说谎或欺骗别人。

● 一个诚实的人从不说谎或欺骗别人，除非在极少的情境下，有不得不这样做的理由。

吉奇反对第二种观点，但我们有充分的理由赞同这一观点，虽然事关说谎。

首先，诚实并不是我们唯一看重的价值，在特殊的情境下，其他价值可能会优先，例如自我保护的价值。假设圣阿瑟内修斯撒谎说"我不知道那个叛徒去哪了"，结果他们会徒劳一场，圣者仍旧会活着。如果这一切发生，我们大多数人仍旧会认为圣者阿瑟内修斯是诚实的。我们只会说，他认为自己生命的价值重于说一句谎话。

而且如果我们思考诚实为什么是好的，我们就能够明白，阿瑟内修斯在对追他的人说谎这件事上并没有做错什么。显然，特定的谎言不会阻碍社会的顺畅运行，但它会不会至少亵渎了那些追他的人的信任？对这个问题的回应是，如果说谎是对信任的亵渎，那么你对之说谎的那个人必须值得你信任，这样说谎才是不道德的。在这个例子中，那些追圣者的人不值得他信任，因为他们不公正地迫害他。因此，即使一个诚实的人偶尔撒谎或欺骗别人也是有充分理由的。

（4）对家庭和朋友的忠诚。友谊对于美好的生活来说是基本的。正如亚里士多德所说，"没有人会选择没有朋友的生活，即使他拥有所有其他的善"：

> 如果没有朋友，财富怎么能被保全和保存呢？财富越多，它被拿走的危险性就越大。在贫穷和其他不幸之中，人们也相信只有朋友能给他们救济。朋友帮助年轻人避免错误，给老年人以关怀，帮助他们做那些因年老体衰而不能做的事。

当然，友谊的益处超越了物质上的援助。从心理学的角度看，如果没有朋友，我们会迷失。我们的胜利如果没有朋友分享，就没有价值。我们失败的时候更需要朋友。我们的自我评价也在很大程度上取决于朋友的确认：朋友通过回报我们的感情，确认了我们作为人的价值。

我们如果需要朋友，我们就需要能让我们跟别人做朋友的品格特质。忠诚处于这一品格清单的前面。朋友要能够靠得住，即使事情变得很糟，甚至客观地说，即使你应该离他们而去，你也要忠于你的朋友。朋友彼此体谅，原谅冒犯，约束自己不做出严苛的判断。当然，这也有限度。有时，只有朋友能够告诉我们让我们难以接受的实情。但是来自朋友的批评是可以接受的，因为我们知道他们不是在否定我们。

对朋友忠诚的重要性并不妨碍我们对其他人甚至陌生人的责任。但那些责任与不同的美德相联系。一般的仁慈是一种德性，它可能要求很多，但是不要求我们像关心朋友那样关心陌生人。正义是这类德性的另一种表现形式，它要求公平对待所有人。但是当涉及朋友时，正义的要求就会减弱，因为忠诚要求至少有某种程度的偏爱。

我们和家庭成员的关系甚至比和朋友的关系更为亲近，所以我们对家庭成员更为忠诚和偏爱。在柏拉图的对话《尤西弗罗》中，当苏格拉底得知尤西弗罗来到法庭告发他父亲犯了谋杀罪时，他对此表示惊讶，怀疑儿子是否应该指控父亲。尤西弗罗认为没有什么不合适的：对他来说，谋杀就是谋杀。尤西弗罗有他自己的观点，但我们仍然会震惊于他对父亲的态度竟然与对陌生人的态度一样。

我们认为，亲近的家庭成员不能卷进这样的案子。这一点也被美国法律所认可：在美国，不能强迫一个人在法庭上指证其丈夫或妻子。

为什么美德是重要的？我们说，美德对拥有它的人来说是善的品格。这就进一步提出了问题：为什么美德是善的？为什么一个人应该是有勇气的、慷慨的、诚实的或者忠诚的？当然，这个答案可能依赖于我们所讨论的美德。因此：

- 有勇气是好的，因为我们需要面对危险。
- 慷慨是值得欲求的，因为总是有人需要帮助。
- 诚实是需要的，因为没有它，人们之间的关系会在各个方面变得很坏。
- 忠诚对于友谊而言是基本的，朋友之间彼此忠于对方，甚至当其他人都离去的时候。

这个清单暗示，每一种美德都出于不同的理由而有价值。然而，亚里士多德对我们的问题给出了更一般的答案——他说，美德是重要的，因为有美德的人会过得更好。关键不是有品德的人总是会更富有，而是有品德的人的生活会繁荣兴旺。

为了弄清楚亚里士多德意指什么，需要思考一下人性的基本事实。在最一般的层面上，我们是想要其他人陪伴的社会性的动物。所以我们在共同体中，在家庭、朋友和同胞之中生活。在这种背景下，像忠诚、公平和诚实这些美德都是必需的，以便与其他人成功互动。在个人的层面上，我们会有特定的工作，并且追求特定的利益。这些要素会要求具有其他美德，例如勤奋和尽职尽责。最后，我们有时会面临危险或诱惑，这是普通人生活的一部分，所以勇气和自制是必需的。因此，所有的美德都有相同的一般价值：它们都是成功生活所必需的品质。

美德对每个人而言都是同样的吗？ 最后，我们可能要问，是不是某一系列的品格对所有的人来说都是值得欲求的？我们应不应该说只有一种好人，似乎所有的好人都是相似的？弗里德里希·尼采（1844—1900）不这样认为。以他的夸张方式，尼采评论道：

> 说"人应该如此这般"多么天真啊！现实展示给我们的类型如此迷人地丰富，形式的展现和变化如此充裕——而一些可怜的游手好闲的道德家评论道："不！人不应该是这个样子的。"这个可怜的顽固的伪君子甚至知道人应该像什么样：他把自己画到墙上，然后尖叫："看那个人！"

显然，这里有些东西确实是对的。一生致力于研究中世纪作品的学者和职业军人是有很大不同的。一个维多利亚时代的妇女从来不会在公共场合露出大腿，而在一览无余的海滩进行日光浴的妇女有完全不同的生活方式。每种方式都值得获得尊重。

于是，我们会明显地感到：不同的人的美德是不同的。因为人们的生活不一样，个性不一样，担当的社会角色也不一样，所以有助于他们发展得更好的品格也会不同。

人们也很容易进一步说，不同社会的美德也是不同的。毕竟，个人可能拥有的生活取决于他所生活的社会主导的价值观和社会制度。只有在拥有像大学这样的机构的社会中，学术研究才是可能的，学者的生活也才是可能的。运动员、艺妓、社会工作者或者武士同样如此。成功地担当这些角色所需要的性格是不同的，所以美德也是不同的。

这种观点可能会遭到这样的反驳：某些美德是所有的人在所有的时间都需要的。这是亚里士多德的观点，他可能是对的。亚里士多德认为，我们虽然有差异，但也有很多共同之处。他说："在去往遥远国家的旅途中，人们可以观察到那种将人与人之间联系起来的认同感和归属感。"甚至在最迥然相异的社会中，人们面对的也是相同的基本问题，有着相同的基本需要。因此：

- 每个人都需要勇气，因为没有人能够（甚至学者也不能）避免面临危险。每个人都需要勇气，以应对偶尔发生的危险。

- 在每个社会中，都有一些人比其他人的境况更不好，所以慷慨总是能得到赞誉。

- 诚实总是美德，因为没有可信赖的交流，社会就不可能存在。

- 每个人都需要朋友，并且为了拥有朋友，自己必须是别人的朋友，所以每个人都需要忠诚。

主要的美德产生自我们共同的人类生活条件，而不是由社会习惯决定的。

德性伦理学的优势

人们说，德性伦理学有两大卖点。

道德动机。首先，德性伦理学是有吸引力的，因为它提供了自然而有吸引力的对道德动机的描述。试想下面的情况：

你病了很久，在医院里养病。你很烦躁，所以史密斯先生来访时你很高兴。你和他聊天聊得很愉快，他的到访真的让你振作了起来。过了一会儿，你告诉史密斯先生你见到他有多么开心——他真是一个好朋友，能不怕麻烦来看你。但是史密斯说，他只是在尽他的责任。起初你认为他只是谦虚，但你们谈得越多，这一点就越清楚，他说的是实话。他不是因为想你，或者喜欢你而来看你，只是因为他认为应该"做正确的事"。他觉得他来探望你是他的责任——也许因为你是他认识的人中境况最差的。

这个例子是迈克尔·斯托克（1940—   ）提出来的。斯托克指出，知道史密斯的动机后，你肯定会非常失望，现在他的到访似乎是冷酷而算计的。你认为他是你的朋友，但是现在你知道并非如此。斯托克说，关于史密斯的行为，"这里肯定是缺少点什么——缺少道德的良好品性或道德价值"。

当然，史密斯做得并不算错。问题在于他做这件事的原因。我们看重友谊、爱和尊重，并且想让我们的关系建立在相互尊重的基础上。出于抽象的责任感或想"做正确的事"的行为就不是这么回事。我们不愿意生活在只根据这样的动机行事的人之中，我们也不愿意成为这样的人。因此这个论证的结果是，只强调正确行为的伦理学理论不可能提供对道德生活的完整的解释。因此需要强调例如友谊、爱和忠诚等个人品质的理论，即美德理论。

对公平"理想"的怀疑。现代道德哲学的主题是公平，它是指这样的思想：所有的人在道德上都是平等的，在决定做什么时，我们应该把每个人的利益都视为同等重要的。功利主义理论是比较典型的。约翰·斯图尔特·穆勒写道："功利主义要求（道德行为人）像一个利益不相关而慈善的旁观者那样严格地公正无私。"本书也将公平作为基本的道德要求：在第 1 章，道德的"底线概念"就包括了公平。

即使如此，对于公平是否真的如此重要的道德理想仍然是有疑问的。想想我们与家人和朋友的关系。当与他们的利益相关时，我们真的是公平的吗？一位母亲爱她自己的孩子，关心他们，但是不会以这种方式关心其他孩子。她对自己的孩子是完全彻底地偏爱的。但是，这有什么错吗？这不正是一位母亲应该采取的方式吗？再者，我们爱我们的朋友，愿意为他们做事，但不愿意为其他人做事。这又有什么错吗？对于美好的生活而言，爱的关系是基本的。但任何强调公平的理论在解释这些时都会遇到困难。

然而，强调美德的道德理论能够很容易解释所有这些。有些美德是偏袒的，有些则不是。忠诚是对所爱的人和朋友的偏袒，仁慈则是平等地考虑每一个人。我们所需要的不是公平的一般要求，而是对这些美德彼此之间如何关联的理解。

德性与行为

正如我们已经看到的，强调正当行为的理论似乎是不全面的，因为它们忽略了品格的问题。德性伦理学通过把品格作为关注中心而对此进行了补救。但是作为结果，德性伦理学又在其他方面冒着不全面的风险。道德问题经常是关于我们应该做什么的问题。如何评价行为，而不是品格，德性理论能告诉我们什么呢？

对这一问题的回答取决于德性理论是根据什么精神提出来的。一方面，我们可以将正当行为方法的最佳特征与德性方法的视野相结合。例如，我们可以用道德品格理论补充功利主义或康德主义。这似乎是合理的。如果是这样，那么，我们可以简单地依据功利主义或康德主义来评估正当的行为。

另一方面，有些理论家认为，德性伦理学应该被理解为其他理论的替代性选择。他们认为，德性伦理学自身就是完全的道德理论。我们可以称之为"激进的德性伦理"。这样的理论对正当行为怎么看呢？要么它需要摒弃"正当行为"的观念，要么它需要从善良品格的观念中派生出一种对它的解释。

虽然听起来有些极端，但是一些哲学家采取了第一种方法，认为我们应当摆脱像"道德上正当的行为"这样的概念。安斯科姆认为，如果我们停止使用这些观点，"将是一个巨大的进步"。她说，我们仍然可以评价行为比较好或比较坏，但我们以其他词语来评价。我们不说一种行为是"道德上不正当的"，而是直接说它是"不宽容的""不正义的"或"怯懦的"——用美德列表中的词语。根据她的观点，这样的词语可以让我们说出每一件我们想说的事。

但是，激进的美德伦理学的倡导者不必拒绝"道德上正当的"这样的观点。这些思想可以在德性框架内被赋予新的解释从而得以保留。我们仍然可以基于赞同或反对某一行为的理由来评价行为。

然而，被列举的所有理由都是与美德联系在一起的。这样，做出某一特定行为的理由就会是诚实、慷慨、公正等，而反对做出这一行为的理由将是不诚实、吝啬、不公正等。依此方法，"应做的正当的事"就是有品德的人会做的事。

不全面的问题

对激进德性伦理学的主要反对意见是它不全面，其主要体现在三个方面。首先，激进德性理论无法解释它应该解释的每一件事。我们来考察一个典型的美德，例如可靠。为什么我们应该是可靠的？坦白地说，我们需要这一问题的答案，它超越了可靠是一种美德这样的简单观察。我们想要知道，为什么可靠是一种美德？为什么它是善的？可能的解释也许是成为可靠的人符合自己的利益，或者成为可靠的人会推动一般福祉，或者那些一起生活的人或彼此依靠的人需要可靠的品质。第一个解释看起来很可疑，很像伦理利己主义，第二个是功利主义，第三个让人想起社会契约理论。但所有这些解释都不是根据德性的术语所做的表达。对为什么某一个特定的美德是善的的解释，似乎都把我们带出了激进德性理论的狭窄界限。

其次，如果激进德性伦理学不能解释为什么某种东西是美德，那么它就不能告诉我们美德是否适用于一些困难的情境。考虑一下仁慈的美德或善意。假设我听到了一些你知道了会很沮丧的消息：

我得知你熟悉的某个人在车祸中丧生，如果我不告诉你这件事，你永远都不可能知道。还假设，你是一个想让别人告诉你实情的那种人。如果我知道所有这一切，我应该告诉你吗？什么是该做的善意的事情呢？这是一个难题，因为你更喜欢的——被告知，与让你感觉好的——不被告知相冲突。一个好意的人是应该更在意你想要的，还是应该更在意使你感觉好的？激进德性伦理学不能回答这个问题。善意是在意某人的最大利益，但激进德性伦理学没有告诉我们某人的最大利益是什么，所以这个理论不全面的第二个方面，就是无法对美德给予充分的解释。特别是，当它们被应用时，它不能准确地做出说明。

最后，激进德性伦理学是不全面的，因为它不能帮助我们处理道德冲突。假设我刚刚剪完头发——这种鲻鱼头发型已经很久都见不到了，然后我问你你看到我的新发型时想到了什么。你可以跟我说真话，或者你说我看起来还不错。诚实和善意都是美德，所以赞同和反对的每一种选择都有理由。但是你必须选择其中一个——要么你说真话而无善意，要么怀有善意而不说真话。你应该怎么做？如果有人告诉你，"好吧，在这种情境下，你应该合乎美德地采取行动"，这不能帮助你决定做什么，只会给你带来困惑：到底应该遵从哪种美德？显然，我们需要超越于激进德性伦理学资源的指导。

就其本身而言，激进德性伦理学受限于一些老生常谈，要友善、要诚实、要耐心、要慷慨等。但这些词语是模糊的，而且当它们发生冲突时，我们必须超越它们才能得到指导。激进德性伦理学需要更丰富的理论资源。

结论

　　最好将德性理论视为伦理学整体理论的一部分，而不是将其本身视为一个完整的理论。总体理论将包括实际决策中的所有考虑因素及其基本原理。那么问题是，这样一种理论是否能同时容纳有关正当行为的适当概念和良善品德的相关概念？

　　我不明白为什么不能如此。假设我们接受正当行为的功利主义理论——我们认为，人应该做将我们引向最大幸福的任何事情。从道德的角度看，我们想要一个每个人都在其中过着幸福和满意的生活的社会。那么我们可以问，哪一种行为、哪一种社会政策，以及哪一种性格品质最可能引向那个结果？这样，对美德性质的追问也就可以在这个更大的框架之内得到指导。

资料来源

　　亚里士多德的引文出自马丁·奥斯瓦尔德翻译的《尼各马可伦理学》（*Indianapolis*：Bobbs-Merrill，1962）第 2 卷；关于友谊的引文则出自该书第 8 卷；关于参观外国土地的引文，转引自 Martha C. Nussbaum "Non-Relative Virtues：An Aristotelian Approach," *Midwest Studies in Philosophy*，vol. 13：*Ethical Theory*：*Character and Virtue*，edited by Peter A. French et al.（University of Notre Dame Press，1988），pp. 32 – 53。

　　平科夫斯关于美德的性质的观点，见 Pincoffs，*Quandaries and Virtues*：*Against Reductivism in Ethics*（Lawrence：University of Kansas Press，1986），

p. 78。

彼得·吉奇关于勇气的评论，见 Peter Geach，*The Virtues*（Cambridge：Cambridge University Press，1977），p. xxx；关于圣阿瑟内修斯的故事出现在该书第 114 页。

耶稣说的我们应该奉献我们所有的全部以帮助穷人的说法见《马太福音》（19：21 – 24）、《马可福音》（10：21 – 25）、《路加福音》（18：22 – 25）。

柏拉图的《尤西弗罗》可见于几个译本，包括 Hugh Tredennick and Harold Tarrant，*Plato：The Last Days of Socrates*（New York：Penguin Books，2003），pp. 19 – 41。

尼采的引文，见 Nietzsche，*Twilight of the Idols*，"Morality as Anti-Nature" pt. 6，translated by Walter Kufmann in *The Portable Nietzsche*（New York：Viking Press，1954），p. 491。

迈克尔·斯托克的例子见 Michael Stocker，"The Schizophrenia of Modern Ethical Theories"，*Journal of Philosophy* 73（1976），pp. 453 – 466。

穆勒的引文出自他的《功利主义》（1861）第 2 章。

安斯科姆对"道德权利"观念的否定见"Modern Moral Philosophy"，*Philosophy* 33（1958），重印于 *Ethics，Religion and Politics：The Collected Philosophical Papers of G. E. M. Anscombe*，vol. 3（University of Minnesota Press，1981），pp. 26 – 42（"将是一个巨大的进步"：p. 33）。

第 13 章　令人满意的道德理论是什么样的

由于所有事情都已经说过了，所以有些人认为在伦理学中不可能有进步……我认为恰恰相反，与其他学科相比，非宗教的伦理学是最年轻的、最不先进的。

——德里克·帕菲特：《理与人》（1984）

没有骄傲资本的道德

道德哲学有丰富而迷人的历史。有很多学者从多种不同的视角探讨这个主题，既提出了对思考缜密的读者有吸引力的理论，也提出了他们排斥的理论。几乎所有的经典理论都包含道理的元素，由于它们都是毋庸置疑的哲学天才提出来的，所以这并不令人吃惊。然而各种不同的理论却彼此冲突，并且大多数理论面对有杀伤力的反对意见都不堪一击。人们不知道应该相信什么。归根结底，什么是真理？

当然，不同的哲学家会以不同的方式回答这个问题。有些人可能拒绝回答，他们的根据是，以我们的所知不能做出"最终的分析"。在这一点上，道德哲学并不比任何其他学科境况更差——很多事情的"最终"真理我们都不知道。但是我们确实知道很多，谈谈"令人满意的道德哲学是什么样"，可能不算轻率。

谦虚的人类概念。令人满意的理论是现实的，它现实地看待在人类在大体系中的位置。宇宙大爆炸发生于大约 138 亿年前，地球自身产生于大约 45 亿年前。地球上的生命在很大程度上根据自然选择的原则缓慢地进化着。6 500 万年前恐龙的大灭绝为哺乳动物的进化留下了更大空间。大约几十万年前，进化之线上终于出现了我们人类。按地理时间来说，我们只是昨天才刚刚抵达。

但是我们的祖先一出现在地球上，就开始把他们自己作为所有创造物的王者，他们中的一些人甚至还想象整个世界就是为他们的利益而创造的。这样，当他们开始发展关于正当与不正当的理论时，他们坚持认为，保护他们自己的利益有一种终极的客观价值。他们推论道，其余的创造物是为了他们而存在的。但我们现在了解得更多。我们知道，我们作为众多物种中的一个，在难以想象的巨大宇宙的一个小颗粒上，由于进化的偶然性才存在。这幅图画的细节每年更新，逐渐有了更多的发现，但是其主要的轮廓似乎已经很好地勾勒出来了。一些古老的故事仍然在述说：人类仍然是我们知道的最聪明的并且唯一会使用语言的动物。然而，这些事实不能证明把我们置于世界中心的世界观是合理的。

理性如何使伦理学产生。 人类已经进化为理性的动物，因为我们是理性的，所以能够把一些事实当作以一种方式而不是另一种方式行事的理由。我们能够清晰地表述这些理由，并思考它们。这样，如果一种行为有助于满足我们的欲望、需求等——简言之，如果它会推进我们的利益，那么我们就会把它作为做这一行为的理由。

可以在这些事实中找到"应该"这个概念的起源。如果我们没有能力思考其理由，这个概念就没有任何用处。我们就会像其他动物一样，根据本能、习惯或短暂的欲望行事。但是对理由的思考会引入新的因素。现在我们发现，我们自己被驱使按特定的方式行动，这是一种深思熟虑的结果——对我们的行为及其后果进行思考的结果，我们用"应该"这个词来标识这种情境的新元素：我们应该做我们有最强烈的理由去做的事。

一旦我们把道德看作根据理由而行动的问题，另一个重要观点就出现了。在关于我们做什么的推理过程中，我们可能融贯或不融贯。不融贯的方式是，在一种情况下，接受一个事实作为理由，而在另一种相似的情况下，却拒绝接受它作为理由。一个人把自己种族的利益置于其他种族的利益之上的时候，这种情况就会发生，因为不同种族之间存在相似性。种族主义是对道德的冒犯，因为它首先是对理性的冒犯。对其他把人类区分为在道德上受喜爱的人和不受喜爱的人的学说，如民族主义、性别主义和等级主义，都可以做出类似的评论。其结论是，理性要求公正：我们应该推进每一个相似的人的利益。

如果心理利己主义是真的——如果我们可以只关心自己，这就意味着理性对我们的要求超出了我们的能力范围。但是心理利己主义不是真的，它对人类的本性和人类的状况都进行了错误的描述。我们已经进化为社会动物，生活在群体中，想彼此陪伴，就需要相互合作，关怀彼此的福祉。所以，在下列三者之间存在着令人愉快的"契合"：（1）理性的要求，即公平；（2）社会生活的要求，即坚守如果公平地实践就会符合所有人利益的规范；（3）我们关心他人的自然倾向——不可否认，虽然我们对他人的关心应该比我们自然能做到的更多。因此，道德对我们来说不仅是一种可能性，而且是自然的。

按其应得待人

我们应当"同样地推进每一个人的利益"，当它被用于反驳偏狭观点时是有吸引力的。然而有时，我们也有充分的理由对人区别对待——有时人们值得对他们比对别人更好，或者比对别人更不好。人是能够做出自由选择的理性的行为者。那些选择对他人好的人，应该得到好的对待；那些选择对他人不好的人，应该得到不好的对待。

如果不考虑具体的例子，这种说法听起来很刺耳。假设史密斯总是很慷慨，无论何时，只要可能，他就会帮助你，而现在他有麻烦了，需要你的帮助。于是你有特殊的理由去帮助他，这一理由超越了你应该帮助他人这样的一般义务。他不仅是庞大人类群体中的一个成员，而且他通过自己的行为，赢得了你的尊敬和感激。

现在考虑一个与史密斯恰恰相反的人：假设约翰是你的邻居，他总是拒绝帮助你。例如，某一天你的汽车坏了，而约翰不肯让你搭他的车去上班——他只是不愿意被打扰。不久之后，他的车坏了，求你搭他一程。现在，他就不得不自己想办法了。如果你不计较他过去的行为，帮了他，你就选择了对他比他应得的更好。

我们以别人对待他人的方式去对待他们，这不仅是回报朋友和对敌人保持憎恨的问题，而且是把人当作负责的行为人来对待的问题。基于他们过去的作为，他们应得到相应的回报。史密斯和约翰有重要的不同，一个值得我们感激，一个应被我们憎恨。如果我们不在意这些事，那会怎么样呢？

一方面，我们是在否认人们从他人那里获得友善对待的能力。这是很重要的。因为我们生活在共同体之中，我们每个人生活得如何，不仅取决于我们做了什么，而且取决于其他人做了什么。如果我们想生活得更好，就需要得到别人的友善对待。承认应得的社会体系给我们提供了那样做的途径，它给了我们决定自己命运的力量。

没有这一点，我们会做什么？我们可以想象一个体系，在其中，一个人只能通过强迫，或者运气，或者仁慈，才能得到别人的友善对待。但是，承认应得的实践是不同的。它给了人们控制别人对他们保持友善还是释放恶意的权力。这对他们来说就是，"如果你做得好，你将有资格从其他人那里得到友善的对待，你将会赢得这样的对待"。承认应得就是最终以尊重对待他人。

多种动机

显然，"同样地推进每一个人的利益"的思想在其他方面也未能掌控整个道德生活。（我说"显然"，是因为我稍后要探讨是否真的未能。）确实，人们有时应该以对其他人的公平关心为动机。但是，还有其他值得赞扬的动机：

● 母亲爱和关心自己的孩子。她不愿意只因为他们是她能帮助的人而"推进他们的利益"。她对自己孩子的态度与对其他孩子的态度完全不同。

● 一个人对朋友是忠诚的。同样，他也不是只把关心朋友的利益作为对其他一般人的关心的一部分。他们是他的朋友，所以他们对他来说是重要的。

只有哲学白痴才会从我们对道德生活的理解中删除爱、忠诚之类的动机。如果这样的动机被删除了，而代之以人们简单地算计什么是最好的，那么我们所有人都会陷入更糟糕的境况。无论如何，谁想生活在一个没有爱和友谊的世界里呢？当然，还有很多其他好的动机：

- 一名作曲家，最重要的是完成他的交响曲。他追求这一点，即使他做别的可能做得更好。

- 一名老师会投入很大的精力去备课，即使他把一部分精力放在别处他可能做得更好。

虽然这些动机通常不被视为"道德的"，我们却不应该把它们从人类生活中剔除。在工作中感到自豪，想要创造有价值的东西，很多这样的高尚动机既给个人带来幸福，也对一般福祉有贡献。我们不应该剔除它们，正如我们也不应该剔除爱和友谊。

多重策略的功利主义

前面我试图说明"我们应当为了同样地推进每一个人的利益而行动"这一原则有正当理由。但是之后，我解释了这不是关于道德义务的全部内容，因为有时我们应该根据人们的个人应得来有所区别地对待他们。然后，我们讨论了一些重要的道德动机，这些动机似乎与公平地推进利益无关。

然而，这些不同的关注可能是相互关联的。骤然看来，根据人们的应得来对待他们，与寻求"同样地推进每一个人的利益"似乎有很大不同。但是当我们问"为什么应得是重要的"的时候，答案就会转向如果不承认应得是我们的道德方案的一部分，我们所有人的境况都会更坏。当我们问，为什么爱、友谊、艺术创造以及在工作中的自豪感是重要的，答案也是一样的：如果没有这些，我们的生活会更为贫乏。这暗示着，在我们的评价中，有一个单一的标准在发挥作用。

那么，也许这个单一的道德标准就是人类的福祉。重要的是人类尽可能地幸福。这个标准可以被用于评价广泛的事物，包括行为、政策、社会习俗、法律、规范、动机以及品格。但是，这并不意味着我们应该总是把使人们尽可能地幸福作为思考的根据。相反，如果我们只是简单地爱孩子、享受友情、为工作而自豪、信守诺言等，我们的生活会过得更好。而"同样地推进每一个人的利益的"伦理将会确认这一结论。

这是一个古老的思想，维多利亚时代伟大的功利主义理论家亨利·西季威克（1838—1900）阐述了同样的观点：

> 普遍的幸福是终极标准的学说绝不能理解为普遍的善行是唯一正确的，或者总是行为的最好动机……赋予正当性以标准的目的应该总是我们有意识地指向的目标，这是不必要的：如果人们经常根据其他动机，而不是单纯的普遍仁爱的动机来行动，会更令人满意地达到普遍的一般幸福。如果经验表明了这一点，那么显然，根据福利原则，理智地看，那些其他动机更可取。

这一段被引述用来支持被称作"动机功利主义"的观点。根据这一观点，我们应该根据最好地推进一般福祉的动机行动。

然而，这一类型的似乎最有道理的观点并不是绝对地聚焦于动机，也不是完全聚焦于行为或规范，像其他功利主义理论那样，其最有道理的观点可以被称作"多重策略的功利主义"。因为其终极目的是一般福祉，所以这种理论是功利主义的。同时，这种理论认识到，我们可以用多种策略达到这个目的。有时我们直接以它为目的，比如一个参议员可以支持一项法案，因为他相信这项法案会提高每一个人的生活水平，或者某个人会给国际红十字会捐钱，因为他相信这会比做其他任何事更有益。但是我们通常根本不会考虑到一般福祉，相反，我们只是关心自己的孩子、做自己的工作、遵守法律、信守诺言等。

根据最佳计划生活的正当行为。我们可以使多重策略的功利主义背后的思想更具体化。

假设我们有一个全面的、确定的关于美德、动机以及做决定的方式的清单，这个清单能使一个人生活幸福，同时又对其他人的福祉有所贡献。进一步假设，对那个人而言这是个最佳清单，没有其他组合能更好地发挥作用。这个清单至少包括以下内容：

- 能使一个人的生活过得更好所需要的美德。
- 一个人行动所依据的动机。
- 一个人对朋友、家庭以及他人的承诺。
- 一个人承担的社会角色，以及与之相伴的责任与要求。
- 与一个人承担的项目和职业选择相联系的责任与关切。
- 一个人通常甚至不需要思考就会遵从的日常规范。
- 关于什么时候考虑规范的例外情况以及那些例外所依据的策略或一组策略。

这个清单也阐明了其中各条目之间的关系——什么是居于首位的，如何裁决冲突，等等。构建一个这样的清单可能是极其艰难的。作为一个实践问题，这甚至有可能是不可能的。但是我们能够相当确定，它会包括对友谊、诚实和其他我们熟悉的美德的认可。它告诉我们要信守诺言，但不一定总是如此；约束我们不去伤害别人，但不一定总是如此；等等。它也可能告诉我们当有数百万名儿童死于可以预防的疾病时，我们应当停止奢侈的生活。

无论如何，有一些美德、动机和做决定的方式的组合对我们是最好的。在我们既定的环境、个性以及才能的条件下，"最好"的含义是，使我们拥有美好生活的机会最佳化，同时也使其他人拥有美好生活的机会最佳化。这种最优组合称为"我的最佳计划"。对我来说，做正确的事就是依照我的最佳计划行事。

我的最佳计划可能很大程度上和你的最佳计划是共通的。它们可能既包括反对撒谎、偷窃和杀人的那些规范，也包括对这些规范何时会有例外的理解。它们还会包括像耐心、善良、自制这样的美德。它们可能既包括对养育儿童的指导，也包括培养他们的哪些美德。

但是，我们的最佳计划不必是完全相同的。人们有不同的个性和才能。一个人可能发现做牧师是自我实现，而另一个人可能从来就没想过要过那样的生活。这样，我们的生活中可能包括不同种类的个人关系，并且我们可能需要培养不同的美德。人们也生活在不同的环境中，可以利用不同的资源——有的富有，有的贫穷；有的享有特权，有的受到压迫和迫害。因此，生活的最佳计划是不同的。

然而在任何情况下，把一个计划确认为最佳计划都是一个评价在何种程度上同样地推进每一个人的利益的问题。因此，整体的理

论就是功利主义，即使它经常认可看起来一点儿都不像功利主义的
动机。

道德共同体

作为道德行为人，我们应该关心其福祉可能受到我们影响的每
一个人。这似乎是个虔诚的陈词滥调，但在现实中，它是一个很难
遵守的原则。在这个世界上，很多儿童没有接种必要的疫苗，最终
产生每年成百上千的不必要死亡。富裕国家的公民很容易就能把这
个数字减到一半，但他们不会这样做。如果将要死去的是自己邻居
的孩子，他们无疑会做得更多，但孩子的所在地点不应该是重要
的：每个人都被囊括在道德关心的共同体之中。如果我们关心所有
孩子，我们就不得不改变我们的生活方式。

正如道德共同体不是局限于一地的人们，它也不是局限于某一
时代的人们。人们是现在还是将来被我们的行为所影响，这并不重
要。我们的义务是平等地考虑每一个人的利益。与之相关的问题之
一是核武器。这种武器不仅有力量使无辜的人致残或致死，而且会
危害环境数千年。如果未来世代的人的福祉能得到适当的重视，很
难想象在什么情况下应该使用这些武器。气候变化是另一个影响我
们的后代利益的问题。如果我们不能扭转全球变暖的效应，我们的
孩子所遭受的痛苦会远远大于我们所愿意看到的。

我们的道德共同体的概念必须以另一种方式得到扩展。人类不

是独自居住在这一星球上，其他有感觉的动物——能够感觉快乐和痛苦的动物——也有它们的利益。如果我们虐待或杀害它们，它们就受到了伤害，正如这样的行为会伤害到人一样。因此，在我们的道德计算中，动物的利益也一定要考虑在内。正如边沁所指出的，因为物种而将生物排除在道德考虑之外，同因为种族、国籍或收入水平而将生物排除在外一样不合理。唯一的道德标准不是人类的福祉，而是所有生物的福祉。

正义和公平

功利主义被批评为不正义和不公平。我们已经引入的复杂性对此能够有所补救吗？

一种批评与惩罚有关。我们可以想象一种情境：诬陷一个无辜的人会推进一般福祉。这显然是不公平的，而功利主义似乎会要求这样做。更一般地，如康德所指出的，功利主义乐于"利用"罪犯达成社会目标。即使那些目标是有价值的——例如减少犯罪，我们也会对把操纵被确认为合法的道德策略的理论感到不舒服。

然而，我们的理论在惩罚的问题上与功利主义通常采用的观点是不同的。事实上，我们的观点更接近于康德。在惩罚某个人的过程中，我们对他比对其他人不好，但他自己过去的作为能够证明这是有正当理由的，这就是对他的所作所为的回应。这就是为什么诬陷一个无辜的人是错的，因为这个无辜的人没有做任何应被如此对待的事。

然而，惩罚的理论只是正义的一个方面。正义的问题在任何一个人被与其他人不同对待的时候都会出现。假设一个老板必须提拔两个员工中的一个。第一个候选人努力工作，承担额外的工作，停止休假来完成工作，等等；而第二个候选人从来只做他不得不做的，不会多做一点点。很显然，这两个员工将得到不同的对待：一个会得到提拔，而另一个则不会。根据我们的理论，所有这些都是对的，第一个员工赢得了提拔，而第二个没有。

人们经常认为，对个人来说，由于拥有外在的美丽、超级的聪明或者其他很大程度上归功于恰当的 DNA 或者恰当的父母的养育而得来的品质，个人得到回报是对的。现实世界反映了这一点：人们经常会只因为生来就有更好的天赋、出生在富裕的家庭而得到更好的工作，赚更多的钱。但是仔细想想，这些似乎是不对的。人们与生俱来的天赋并不是他们的应得，人们拥有它们只是约翰·罗尔斯所说的"自然的抽签"的结果。假设我们例子中的第一个员工失去了提拔的机会，虽然他工作很努力，但第二个员工拥有适合这个新位置的天赋。即使老板能够证明，根据公司的需要，这个决定是正当的，第一个员工还是会理所当然地感觉受到了欺骗。他比第二个员工工作更努力，但第二个员工却因为没做什么应得的事情而得到提拔以及获得随之而来的好处。这是不公平的。在一个公正的社会中，人们应该能够通过努力工作来改善他们的处境，而不是通过生来的幸运而得到利益。

结论

　　令人满意的道德理论是什么样的？我已经勾画了对我来说最有道理的可能性。根据多重策略的功利主义，我们应该根据我们的最佳计划生活，从而使所有有感觉的生物的利益最大化。然而在提出这样一个建议时，我们必须谦逊。几个世纪以来，哲学家提出了很多种道德理论并且为之辩护，而历史总是在他们的概念中发现缺陷。然而仍旧有希望，如果不是因为我的建议，那么未来的路上还有其他人的建议。人类文明只有几千年，只要我们不去毁灭它，道德哲学研究就有着光明的未来。

资料来源

　　宇宙的年代由科学家根据欧洲宇航局的普兰克空间天文台 2009—2013 年搜集的数据估算得出。

　　西季威克的引文，见 Henry Sidgwick，*The Methods of Ethics*，7th ed.（London：Macmillan，1907），p. 413。

　　约翰·罗尔斯对"自然的抽签"的讨论，见 John Rawls，*A Theory of Justice*（Cambridge，MA：Harvard University Press，1971），p. 74（又见该书 1999 年修订版第 64 页）。

图书在版编目（CIP）数据

道德的理由：第 9 版/（ ）詹姆斯·雷切尔斯著；
（ ）斯图尔特·雷切尔斯修订；杨宗元译 . -- 北京：
中国人民大学出版社，2024.9. --（明德经典人文课）.
ISBN 978-7-300-33007-5

Ⅰ.B82-49

中国国家版本馆 CIP 数据核字第 2024T8Q368 号

明德经典人文课

道德的理由（第 9 版）

詹姆斯·雷切尔斯（James Rachels）　　著
斯图尔特·雷切尔斯（Stuart Rachels）　　修订
杨宗元　译

Daode de Liyou

出版发行	中国人民大学出版社				
社　　址	北京中关村大街 31 号		**邮政编码**	100080	
电　　话	010 - 62511242（总编室）		010 - 62511770（质管部）		
	010 - 82501766（邮购部）		010 - 62514148（门市部）		
	010 - 62515195（发行公司）		010 - 62515275（盗版举报）		
网　　址	http://www.crup.com.cn				
经　　销	新华书店				
印　　刷	涿州市星河印刷有限公司				
开　　本	720 mm×1000 mm　1/16		**版　　次**	2024 年 9 月第 1 版	
印　　张	16 插页 2		**印　　次**	2024 年 9 月第 1 次印刷	
字　　数	166 000		**定　　价**	78.00 元